写给孩子的思维与情绪成长书

我可以不焦虑

6～14岁青少年焦虑缓解自助手册

〔美〕希瑟·戴维森 著　邓鹏 译

CBT WORKBOOK FOR KIDS

中国妇女出版社

著作权合同登记号　图字：01-2023-2130

图书在版编目（CIP）数据

我可以不焦虑 ：6～14岁青少年焦虑缓解自助手册 / (美) 希瑟·戴维森著 ；邓鹏译. -- 北京 ：中国妇女出版社，2023.9
（写给孩子的思维与情绪成长书）
书名原文：CBT Workbook for Kids
ISBN 978-7-5127-2062-6

Ⅰ.①我… Ⅱ.①希… ②邓… Ⅲ.①焦虑-心理调节-青少年读物 Ⅳ.①B842.6-49

中国国家版本馆CIP数据核字（2023）第045181号

责任编辑：门　莹
封面设计：介末设计
责任印制：李志国

出版发行：中国妇女出版社
地　　址：北京市东城区史家胡同甲24号　　邮政编码：100010
电　　话：（010）65133160（发行部）　　65133161（邮购）
网　　址：www.womenbooks.cn
邮　　箱：zgfncbs@womenbooks.cn
法律顾问：北京市道可特律师事务所
经　　销：各地新华书店
印　　刷：北京中科印刷有限公司

开　　本：170mm×235mm　1/16
印　　张：9.5
字　　数：95千字
版　　次：2023年9月第1版　　2023年9月第1次印刷
定　　价：58.00元

如有印装错误，请与发行部联系

目　录

第二章　对于焦虑你能做什么

第三章　当你在家时

第五章 当你在外面

仅限家长阅读

致家长的一封信

你是否认为你有一个焦虑的孩子？无论你的孩子是处于正常焦虑情绪的探索期，还是你了解到焦虑已成为孩子最大的困扰；无论你的孩子是刚刚产生焦虑，还是已经深受焦虑的困扰——这本书都会对你有所帮助。我设计这本书的目的在于，让你和你的孩子能够更好地管理焦虑，重新掌控自己的生活。无论你的孩子处于什么程度的焦虑，我所选择的处理策略都适用。认知行为疗法（简称CBT）是一种经科学验证有效的干预方法，能够帮助孩子改善焦虑症状。CBT干预的目标在于思维和感知（认知部分），以及回应和行动（行为部分）。其目的在于改变导致孩子产生焦虑的模式，并且提供给他们应对焦虑的策略，从而让他们不管感到多焦虑，都能够做自己想做的事情。

本书探讨了范围非常广泛的焦虑症状：广泛性焦虑、恐慌、特殊恐惧症，以及强迫性思维。它能够教会你的孩子必需的技能，让他们不再逃避容易导致焦虑的事物，从而生活得更加快乐和健康。尽管本书是为你的孩子而设计，但你对于他们成功克服焦虑至关重要。鉴于他们的年龄和阅读水平，你需要在他们进行最初几次练习的时候给予指导。

在你向孩子推荐此书之前，请详细阅读写给家长的部分（第121～140页），以更好地理解在帮助他们应对焦虑情绪时你所承担的角色。为了让孩子取得最好的效果，你可能需要改变自己的一些行为，在写给家长的内容中也解释了这样做的意义，以及你需要做什么。

如果你的孩子现在有较严重的问题，例如校园焦虑、拒绝上学，你可以直接阅读对应的部分。其他情况，就可以按照本书顺序来进行阅读。每个家庭都是不同的，所以要按照适于你和孩子的节奏去做。

请记住，这些技巧和策略已被科学验证是有效的，如果你进行练习，就会看到成果。养育一个被焦虑困扰的孩子很艰难，但你的付出和这些技巧可以帮助你的孩子战胜焦虑困扰。你可以做到的！

致孩子的一封信

这本书是专门为你准备的！你是否觉得焦虑主宰着你的生活？它会在家中和学校给你带来困扰，让本该有趣的事情——例如外出游玩、看电影这类活动——变得可怕和无趣。最糟糕的是，你无法解释自己的感受和为什么你再也不想做以前喜欢做的事情。而事实是这样的：我们每个人都会时不时地感到焦虑，但感到焦虑并不代表你有什么问题。有时候你会被焦虑控制，但这本书会教你如何将焦虑放回它应该在的位置，这样它就无法再控制你。

第一章

到底什么是焦虑

焦虑会让你产生怎样的感觉

到底什么是焦虑？也许你曾经在电视上或者从家长那里听到过这个名词，也可能曾有朋友说他很焦虑，而你却不好意思问他是什么意思。如果你不知道“焦虑”的确切意思也没关系，因为不是只有你一个人不知道。即使很多人会用到这个词语，但可能并不知道这个词真正的含义，其中不乏成年人。

焦虑跟另一个词很相似——担忧。担忧和焦虑都是描述紧张或者害怕的情绪。你怎么区分它们呢？担忧通常存在于我们的思想中，而且是具体的，你会对某一件事感到担忧，例如一次很难的考试。而焦虑则是一种一直存在的情绪，有时还会出现身体上的症状，例如你会无缘无故地感到心跳加速。

可以这样想：通常你可以很轻松地解释自己到底在担忧什么（例如一次重要的考试），却很难解释你感到焦虑的原因——例如，要去上学时，你的胃会觉得绞痛或者心跳加速。因为担忧是有原因的，所以更容易用语言来描述。但是我们却很难描述焦虑，因为你无法确定到底是什么原因导致你产生焦虑。

尽管焦虑和担忧经常让你感觉不好，但它们可能非常有用。有时候，担忧会帮助我们完成一项任务，或者让我们在工作中做到最好。如果没有担忧情绪，我们就不会为了把事情做好而去学习，也不会为了拥有健康的体魄而选择健康的饮食。有时候，担忧还是保护我们安全的警钟。我们不是说要完全摆脱焦虑和担忧，毕竟这些情绪是我们所有情绪的一部分。

我们内心有如此多的情绪，以至于有时候我们很难区分它们。例如，当你感到失落，你很难说明自己是愤怒还是悲伤。同样地，在众多情绪中，我们很难分辨出其中哪一种会给我们带来问题。

以下是有关不同情绪的故事：

玛雅很担心自己和朋友的关系。她不确定他们是否喜欢跟她一起玩儿，也很害怕他们不愿意跟她做朋友。玛雅的担心转变成了焦虑——无论何时，当她跟朋友在一起的时候都会心跳加快，手心也会出汗。随着她连续几天感到焦虑，她开始生朋友们的气，她想知道为什么他们不喜欢自己，而又是什么让他们比自己强得多。这些想法让玛雅感到愧疚，因为她不愿意把朋友们想得那么坏。而这些愧疚直接导致了她的焦虑，也让玛雅开始回避朋友们。玛雅想，也许不见朋友们，她就不会再有这些可怕的情绪了。

你有没有看出，我们是如何从某一种焦虑或担忧情绪产生多种情绪的？有时，你会同时产生两种、三种、四种……情绪。有时，一种情绪会导致另一种情绪，然后再产生一种又一种情绪……

回想一下你第一次去学校、第一次外宿，或者第一次在班级做展示，还记得那种感觉吗？可能你的心跳变得非常快，手心出了很多汗，或者你感到呼吸困难，甚至感觉快要哭出来了。这些都是身体在向你传达紧张或害怕时的信号。

让我们来了解更多关于焦虑的表现，下面通过一些练习来帮助你识别自己是否感到焦虑，以及焦虑的时候所产生的想法和身体反应。

让我感到焦虑的时刻……

	否，从未	中等，偶尔	是，经常
独处时			
成绩不好时			
跟朋友吵架时			
跟父母吵架时			
处在黑暗中时			
做作业时			
身体不舒服时			
在户外时			
感冒时			
想到会生病时			
去陌生地方时			
跟陌生人相处时			
我不知道什么会让我感到焦虑			

请在表格中相应位置打钩。如果表格中未提到会让你感到焦虑的情况，请在下面写出来。回想一下什么情况会让你感到焦虑，这是战胜它的第一步。

最让我感到焦虑的情况是______________________________

____

____

让我感到中等焦虑的情况是______________________________

____

____

让我感到轻度焦虑的情况是______________________________

____

____

当我焦虑的时候，我会……

我们会在很多方面感到焦虑。就像要找出到底是什么让自己感到焦虑，我们同样也要找出当自己感到焦虑的时候会发生什么。你焦虑的时候会做什么？你的身体有什么感觉？请在下列选项中圈出你会出现的情况。

感觉……

心跳加速

手掌出汗

眼里充满泪水

头痛

胃痛

肌肉紧张

发抖

呼吸急促

感到头晕

感到僵硬

全身出汗

颤抖

恶心

想法……

不停地想事情

会发生最坏的情况

想法混乱

想法负面

大脑被某一想法占据

愤怒的想法

悲伤的想法

我需要帮助

我什么也做不了

我出了什么问题

我不如别人

我需要躲起来

我无法思考

担忧的轻和重

现在你对焦虑和担忧已经有了一点了解，我们重点来了解一下“担忧”的部分，我们到底有多少种不同的担忧的感觉。有些担忧严重，有些则很轻微，那么它们的区别是什么？是什么让有些担忧很严重而不是很轻微呢？

想象你的担忧像弹力球一样在脑海中弹跳。如果是个很小的球，又跳得很轻，那么你甚至不会注意到它。但是当有一个很大的球跳得很厉害，而你又不能让它停下来，就会让你觉得非常不舒服，还会让你跟朋友在一起时或上课时精力无法集中。

一个弹力球，如果我们不让它弹向地面，它是不会跳起来的。就像我们无法让这个球消失一样，它也不会神奇地自己跳起来。你必须把它捡起来砸向地面，才能让它跳起来。担忧也是如此。如果不去注意你担忧的事情，它不会自己消失，但也不会无缘无故在你脑海里跳个不停。

也许你最大的担忧是独处，会让你非常恐惧，这就是你脑海中跳得最厉害的那个球。你会在独处的时候担心有不好的事情发生，就像脑海中有一个又大又吵的球。随着这个球跳来跳去，你可能会玩得不开心，也很难入睡，甚至做不了任何事。让我们一起学习如何把那个又大又吵的球变得又小又轻，这样你就能重新做你想做的事情了。

焦虑不能控制你

感到焦虑是完全正常的事情。这个世界上的所有人都会时不时地感到焦虑，这是生活的一部分。而感到焦虑和担忧有时能够保证我们的安全，例如，当我们过马路时要观察路两边的情况，因为我们担心有车辆开过来。但对于有些人来说，焦虑和担忧会变得过度。当你开始担心实际并不可怕的事情，或者停止做自己喜欢的事情——因为你的焦虑告诉你它们不安全时——说明焦虑正在控制你。这种感觉很不好，而且会导致你错过很多好事。

好消息是，你可以学习适应那些有益的焦虑（例如保证你安全的焦虑），并且接受有些焦虑就是要发生的。另外，你可以确保自己能够控制你所感受到的焦虑。

你的焦虑是否曾经企图控制你？你的担忧是否曾经告诉你不能跟家长去商店，或者不能在朋友家过夜，因为感觉有不好的事情要发生？有时候，焦虑认为它最懂你，并且尝试告诉你应该做什么、去哪儿，以及如何去感受。但是，焦虑通常会把事情放大得比实际情况更可怕。它试图保证我们的安全和快乐，但是当它失控的时候，当这个球过度反弹时，焦虑会让我们的情况变得更糟，而不是更好。

所以，如何才能知晓焦虑不会再控制你呢？这听起来似乎不太可能。对于重新掌控自己的生活感到迷惑或紧张是非常正常的，但是要知道，我们可以通过很多方法让焦虑不再控制你的生活。

首先，要学会如何以及何时对焦虑说“不”，这样你才能继续做喜欢做的事情，去参加聚会，或者做其他你应该做的事情，比如去上学。我们通过对焦虑过度孩子的了解，发现他们的担忧有时会告诉他们去学校是很危险的事情。如果你也这么想，该怎么办呢？你可能会想办法待在家里，直到你感到安全。

问题是，学校可能真的很棒，在那里你可以学习知识，见到你的朋友们，还可以做游戏，快乐成长。但如果焦虑控制了你，即使它让你做自己不想做的事情，或者错过你喜欢的事情，你也会感觉必须要听它的。要想重新做出自己的选择，唯一的方法就是当焦虑告诉你做某件事很危险的时候，你要站出来面对它，而不是它告诉你什么你就相信什么。

富有想象力通常来讲是一件好事，但它会跟焦虑结合，让所有事情看起来更糟。想象力很擅长表现演技，让事情看起来很刺激，但也会放大你的焦虑，让它看起来比实际更强大。原本觉得学校很可怕已经够糟了，如果你的想象力再失控，你的脑子里可能会像放电影一样出现所有可怕的事情。但只要记得你只是在想象这些危险，想象力可能会帮你享受快乐，而不是帮助焦虑来控制你。

在下面的练习中，圈出焦虑告诉你危险的事情，然后我们一起想办法让你冷静下来，并且感觉好一些。

导致我焦虑，使我感到不安全的东西

以下是一些常见的事情，焦虑可能会让你感觉这些事情比实际更危险。

- 独处
- 巨大的噪声
- 异味
- 狗
- 学校
- 站在高处
- 汽车
- 火车
- 飞机
- 作业
- 风暴
- 考试
- 电影
- 黑暗
- 细菌
- 生病
- 受伤
- 陌生人
- 老师
- 吵架

现在在下列圆圈中写出你最害怕的东西。

腹式呼吸

你知道吗？用肚子深呼吸可以帮助你冷静下来。当你吸气的时候，要确保肚子完全鼓起来并充满空气；当你呼气时，确保让肚子完全凹进去并释放所有空气。这种深呼吸能够让你轻松控制自己的焦虑。让我们按照以下步骤来学习腹式呼吸。

第1步

躺在沙发上、床上或者地板上。

第2步

把一个毛绒玩具、气球或者自己的手放在肚子上。

第3步

从1数到3时，深深地吸气，确保你刚才放在肚子上的东西被你顶起来。

第4步

从1数到4的时候，把气全部呼出去，确保你的肚子完全凹进去，让肚子上放的东西降下来。

第5步

重复第3步和第4步。你有没有感觉自己冷静下来了？

找词游戏

还有很多事情可以帮助你冷静下来。下面这个找词游戏能够帮助你克服焦虑。好好享受下面的游戏吧，有的单词是横向的，有的是纵向的哦。

M	U	S	I	C	F	G	W	R	Y
O	F	D	S	W	D	A	D	V	B
M	R	T	Y	E	R	R	W	Q	Z
D	J	O	U	R	N	A	L	D	R
W	Q	B	F	R	I	E	N	D	S
V	B	N	C	E	R	G	T	F	I
D	W	R	I	T	E	W	E	T	N
T	Y	U	D	R	A	W	G	R	G

答案：MUSIC、JOURNAL、FRIENDS、WRITE、DRAW、MOM、SING

彩虹呼吸法

现在我们利用深呼吸的技巧进行彩虹呼吸吧！当你深深吸气和慢慢呼气的时候，想象你所喜欢的事物对应的每一种颜色。

红色消防车、苹果、爱心、草莓、玫瑰
狮子、南瓜、篮球、金鱼
阳光、橡皮鸭、香蕉、向日葵
青蛙、树木、四叶草、恐龙、外星人
蓝莓、气球、蓝鸟、蓝精灵、饼干怪兽
葡萄、丁香花、蝴蝶、冰棍

第二章

对于焦虑你能做什么

三角形和其他形状

确认焦虑：完成！你已经迈出了摆脱焦虑的第一步。虽然现在你已经了解什么是焦虑，但是我们该怎么处理它呢？首先，我们要明白焦虑到底来自哪里，伴随哪些不同的征兆和症状，例如手掌出汗和产生可怕的想法。了解焦虑如何产生的最佳方法是三角形分析法。

这可能听起来很奇怪，但事实上三角形分析法是一种非常有效的方法，它可以帮助我们分析包括焦虑在内的情绪之间是如何互相联系的。

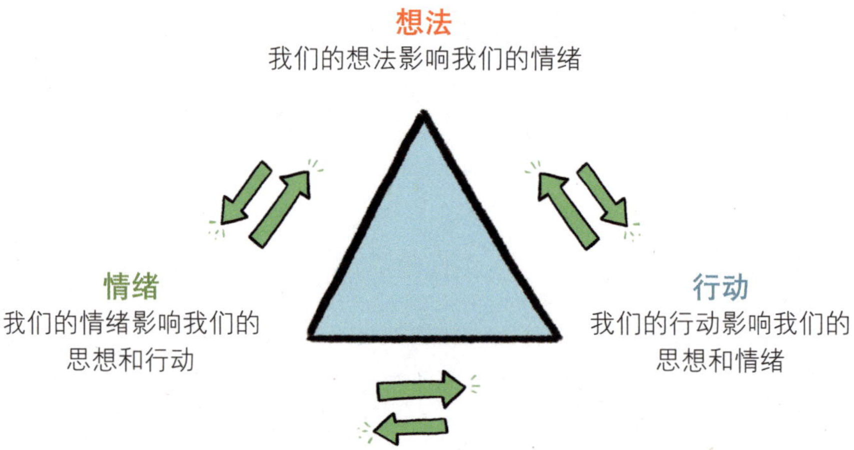

我们来分析一下这个三角形，看看它们都是什么意思。三角形的顶端是你的思想，包括你一整天的思想活动，例如，你爸爸说要为你换一个新的保姆。

你可能会想：“我不想要新保姆！”这种思想会引发一种特定情绪，比如恐惧或者挫败感。你可能会因为新保姆是陌生人而感到害怕，或者因为父母没有问你的意见就做出决定而产生挫败感。这些不舒服的情绪可能会引导你采取特定的行动。你可能会对家长叫喊，或者跑回房间关上房门。你可能想通过行动来释放你的情绪，或者你可能在还没有意识到之前就已经做出了行动！

你能够看到，三角形的三个角分别代表思想、情绪和行动，它们之间是什么样的关系呢？比如，你学习很努力，但考试成绩还是不好。你感到悲伤和失望，你可能会想：“我在学校永远做不好。”这种消极的思想可能会影响你的情绪和行为。当你有这种想法时，你可能会对自己失望，或者对于取得好成绩感到渺茫。当发生这种情况时，你可能会在上课或写作业的时候注意力不集中，因为当你觉得自己学不好的时候，这些看起来都不重要。再来看看，你的思想、情感和行为是如何相互作用的。这个三角形的每一个顶点都很重要。

三角形分析法并不是唯一重要的方法。再看看下面这个圆形，它呈现出焦虑的思想和情绪之间的恶性循环。

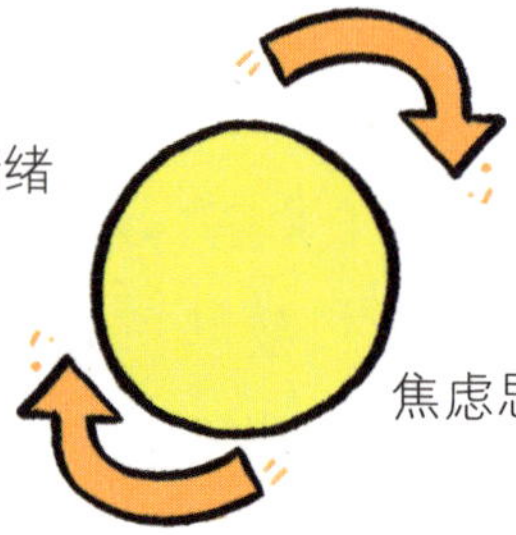

这个圆形就像不断重复的噩梦。让我们使用与三角形分析法中同样的例子。你在一门学得非常努力的科目考试中没有取得好成绩，你的焦虑产生同一种想法：“我永远不会在学校取得好成绩。”一旦你产生了这种焦虑的思想，并且感到非常恐惧、迷惑、愤怒或者担忧，那么你就会产生另一种焦虑思想。接下来你就会想“我很笨”，这会让你感到更加恐惧、悲伤和担忧，这些情绪又会导致更多的焦虑想法。你有没有看出焦虑的思想和感觉是如何产生的，并形成一个巨大、恶性、可怕的负面思想的循环？

我们再来看一下上面介绍的三角形和圆形。你有没有看到三角形和圆形当中的箭头？它们代表了事物发展和变化的方向。这些箭头非常重要，这是你了解如何应对焦虑重要的第一步。一个箭头连接想法和情绪，下一个箭头连接情绪和行动（行为），最后的箭头连接行为和情绪。这中间有非常多的联系。

大多数人都认为只有一种关联：他们认为自己所处的情形是导致他们产生负面情绪的原因。这是一种误区，无论孩子和成年人每天都会产生的误区。事实上，并非是你所处的情形导致你的情绪产生，而是你如何思考自己所处的情形引发了你的情绪。这是不是有点儿难以理解？我们来看一个例子。

凯尔已经非常努力学习了，但有一科考试仍然没有考好。他非常担心这科成绩会影响整体的成绩评分，他的身体产生了焦虑的感觉，并且感到很难过，认为自己没有发挥好。他的感觉来自成绩，对不对？不！事实上，是凯尔的想法让他感到担忧和难过。如果他想的是“我在学校永远也学不好”或者“我很笨”，可以预见，他肯定会产生强烈的负面情绪。但如果他想的是：“没关系，下一次我会更努力，也许我可以改变一些学习习惯。”这样可能仍然会有一些难过，但绝不会完全被难过或焦虑吞没。你是否发现了问题所在？凯尔没考好，但是他对这件事的看法能够改变他对这件事的感觉。

画出属于自己的三角形、圆形和箭头

从第15页的清单中挑选出一种你遇到得让你感到非常焦虑的情况。画出属于你自己的三角形、圆形和箭头，这样你就能更清楚地了解自己的焦虑来自哪里。

三角形

圆形

箭头

行动中的3个要点

还记得我们之前谈到的三角形吗？它非常、非常重要，因为它呈现了行动的三个重点。我来解释一下。即使你能够让三角形变高、变矮，或者变大、变小，但它仍然有三个点。还记得你之前学到的，思想是如何改变你的情绪，又是如何改变你的行为的吗？我知道，这看起来有点儿让人困惑，让我们更详细地分析一下。

思想，就是你脑海中思考的东西。大部分时间，我们并不会太在意自己的想法。当一件不好的事情发生的时候，我们通常会认为这是让我们产生不良情绪，或者做出可能会后悔的行为的原因。但如果通过三角形分析法来看的话，我们会发现事实上是我们的想法在发挥着最大的作用。我们可以通过改变自己处在负面或可怕情况中的想法，来改变自己的感觉和行为。

情绪，就是你的身体感受到的悲伤、幸福、愤怒、嫉妒、悔恨、尴尬、焦虑等感觉。有的时候我们可以感受到一种非常强烈的情绪，而有的时候我们会同时产生多种情绪。这让我们非常困惑，也会让我们感到自己情绪失控，而这又会让我们的感觉、想法和行为变得更糟糕。但是，等一等，因为控制我们情绪的是我们的想法，而并不是我们所遇到的情况。事实上，我们有比自己所认为的更多的方法来控制情绪。

行为，就是你做的事情，例如哭泣、喊叫、奔跑、跳跃、扔东西或者藏起来，等等。我们可以在特定的时刻表现出很多不同的行为，有些是我们在头脑中决定要做的，但有

的时候就好像我们的身体有自己的想法。我知道我有的时候就是这样。要去上学的时候，当我的朋友说了一些可怕的事情，或者藏在我的床下面吓唬我时，我真希望自己没有冲他们叫嚷。我们的行为与思想和情绪是直接相连的，我们认识到自己可以更好地控制它，这真是太好了！

好了，现在你已经了解了三角形分析法，这是否意味着你能够像打个响指一样简单地去改变你的想法？没那么简单！要改变你的想法是很困难的，但如果一步一步尝试，你会感到这个过程很轻松。让我们开始吧！

你的新工具箱

你已经学到了很多关于焦虑的知识，现在终于可以进入最棒的部分——制止它！你可以通过一个装满新工具的特殊工具箱，来停止焦虑对你的控制。当你感到焦虑要控制你的时候，这些工具是你可以做的事情和可以使用的技巧，以此来减轻你的焦虑。无论是在家、在学校还是在外面，这些工具都会给你提供帮助。

根据你在不同的地方，做不同的事情，跟不同的人在一起，或者其他很多不同的因素，你需要用到不同的工具。要决定使用什么样的工具以及何时使用，可能会让人感觉很崩溃，所以让我们来探索，在你生活中的不同领域，该如何选择最适合你和最需要的工具。

面对恐惧的事物

当你害怕一只虫子，你会用尽全力躲开它，对不对？不！虽然听起来有些奇怪，但是请听我说完。你越是躲避可怕的事情，你面对它的时间就越少，它就会变得更加可怕。而且对小虫子的恐惧，会变成更严重的恐惧，因为你一再回避它们，甚至会因为太害怕而不敢出门。面对你恐惧的事情，要尽可能做出勇敢的行动，这绝对是个好主意。

如果你害怕虫子，害怕出门遇到最大、最恶心的那只虫子“啪”的一下掉到你脸上，最好的缓解方法就是慢慢来，可以先看看小虫子的图片，或者尝试拿一只小的、不那么可怕的虫子放在你的手里。从小处做起，一步步往前推进，能帮助你更成功地面对可怕的事物，你学会了吗？

在下面的活动中，希望你带上爸爸或妈妈（或者两个一起）来面对第一章中清单（第15页）里那些你觉得没那么可怕的事情。

在下页表格中填上当面对恐惧的事情时，你的感觉是什么。

我勇敢的行动

行动前我的感觉是什么	行动中我的感觉是什么	行动后我的感觉是什么

第三章

当你在家时

当你在家的时候，是什么感觉

家是一个令我们大多数人都感到很安全的地方，是当我们经历了一天的疲惫之后可以回去的地方，一到家我们的感觉就会好很多。这种安全感很棒，但是当你焦虑的时候，可能更难以离开这个让你感到舒适、安全的地方。如果你感觉不好，或者感到悲伤、愤怒、担忧，你知道家能让自己感到开心和安全，所以你不想离开家到另一个地方去，这是有道理的。当你焦虑的时候，即便是一些有趣的地方，如去电影院或者朋友家，都可能会让你感到不安全。一直在家待着可能是个不错的主意。

还记得前面学习的勇敢行动吗？这跟它很相似——如果你从来未曾脱离家庭常给你的舒适感，那么你就没有机会体验到家庭以外遇事而产生的不良感受。如果你回避这种不良感受，它们就会变得更严重、更可怕，甚至更困难。把家当作你的基地，而不是一个躲避一切的地方，这就变得十分重要。

还记得我们学习过的形状分析法吗？尤其是圆形。你越是回避负面情绪，你感觉要出现负面情绪的想法就会让你越发焦虑。当你感到要产生负面情绪的那种焦虑越严重，你就会越害怕这些负面情绪……如此循环往复。这个焦虑的怪圈会让你感到头晕。那么，什么时候可以待在家里，而什么时候又需要勇敢地出门呢？

出门，在家

我们将进一步讨论逃避的问题以及它与焦虑的关系。当你回想过去几个星期你无时无刻不感到焦虑的时候，相信你很多时候都有着相似的担忧，比如“将会发生什么事？”或者“这会是什么样子？”你在内心问这些问题是非常正常的。当我们不知道要发生什么的时候，内心都会感到紧张。

你可以这样想：如果你第一次去一个朋友家，你可能会感到很兴奋，对不对？你非常喜欢跟这个朋友一起玩，迫不及待地想和朋友们一起度过充满乐趣的一天。但是你依然会感到焦虑，为什么呢？即使我们会为某件事感到开心或兴奋，但我们还是会感到焦虑，因为事情是不可预知的。我们不知道在朋友家时会是什么样子——会喜欢他们家的食物吗？他们的家长好相处吗？你的朋友跟你在一起会觉得很开心吗？接下来，你又回到了担忧的怪圈里。如果你被自己的焦虑控制，可能最终你会选择不去朋友家了。这正是焦虑想要达到的目的——让你回避一切未知的事情，因为这会让它更强大。

那么，你应该怎么做呢？你想要做有趣的事情，但你又不想承受那种因面对未知而产生的讨厌的焦虑感觉。我们不妨把面对未知当作一块你需要练习的肌肉。当你通过不断投球和跑步练习手臂和腿上的肌肉时，肌肉就会不断变大、变强壮，对不对？这跟你面对未知的能力是一样的道理！我们把这种能力叫作“未知肌肉”。如果你一再回避未知的事情，不去练习你的“未知肌肉”，它就会变得又小又无力；但如果你通过不断地去面对新事物来锻炼你的“未知肌肉”，它就会逐渐变大、变强壮。

有的时候，仅仅从一个地方搬到另一个地方就会激活你的“未知肌肉”。这就好像你不知道去朋友家会是什么样子而感到害怕一样，如果你必须从现在居住的地方搬到另一个地方，也会让你感到害怕，并触发你的焦虑。你可能会问自己很多问题，比如“这需要持续多久？”“如果我迷路了，谁能帮我？”“如果我就是不喜欢这个新地方怎么办？”这些焦虑情绪会让你感到混乱和不确定，不知道该如何适应从一个地方到另一个地方的转变。这里有另一个可以锻炼你“未知肌肉”的方法：找到转变过程中你认为最困难的地方，然后面对它们。

那么，这是否意味着你必须通过勇敢的行动和锻炼“未知肌肉”来不停地面对自己的焦虑呢？哇，哇，哇！那就太过分了。首先，你要弄清楚自己何时以及多久会感到焦虑，然后才能更好地决定该如何面对它。

我的“未知肌肉”有多强壮

用“对”或“错”来回答以下问题，然后检查你的得分，就知道你的“未知肌肉”有多强壮了。

1. 我不喜欢离开家。

对　　错

2. 我喜欢尝试新鲜事物，但有的时候因为害怕而放弃。

对　　错

3. 因为担忧，所以我从不强迫自己做困难的事情。

对　　错

4. 我很担心人们会觉得我不够好，所以我不会在想见朋友的时候就去见。

对　　错

5. 父母在身边我才能感到安全。

对　　错

如果你有3道及以上的题目选择了“对”，那么你就需要通过练习来加强你的“未知肌肉”。

如果你有1～3道题选择了“对”，恭喜！你的“未知肌肉”已经变得强壮了，但是仍有进步的空间。

如果你没有一道题选择“对”，恭喜！你的“未知肌肉”非常强壮，并且已经准备好战胜那些令你讨厌的焦虑感觉了。

面对变化

这种变化是指你从一种活动切换到另一种活动，或者离开一个地方到另一个地方。以下是我们在某个时刻所进行的转变。圈出你觉得最困难的事情，然后在空白的地方写出或者画出其他你难以完成的转变（本清单中未列出）。

起床

为早起做好准备

从家到学校

在学校从一门课
换成另一门课

课间休息结束
回到课堂

玩耍时间结束后
做家务或写家庭作业

上床时间

其他困难的转变：--

在家时，你什么时候会感到焦虑

好的，你已经对变化和“未知肌肉”有了更多的了解，现在是时候了解你的触发器了。也许你已经从家长或者老师那里听说过，或者你已经知道我所说的“触发器”是什么意思。不管怎样，我来解释一下当我们谈论焦虑这种情绪的时候，“触发器”这个词的意思。

来看这个例子：假如我穿着亮橙色T恤的时候跟家长大吵了一架。之后，当我在衣柜中看到这件衣服时，可能就会想起上次吵架时的沮丧心情。这件亮橙色T恤就成为一个触发器，因为它与吵架产生了联系。

所以，任何事物都可能成为触发器，但为什么知道触发器是什么很重要呢？因为如果知道触发因素是什么，你就能在被触发之前做好准备，并且知道怎样做可以克服焦虑。

触发器可以很小，也可以很大。一件事可能触发很多事，而很多不同的事物也能触发同一件事。但是不用担心！我们一起来解决这个问题。最好的方法就是学习如何更好地解释你的焦虑。第一步就是了解不同的触发器所带来的焦虑等级。有些触发器会带来巨大的、激烈的焦虑，而其他一些触发器会产生微小的、无声的焦虑。下面这些练习能够帮助你确认自己的触发器是什么，以及焦虑的程度。

触发器

这项活动分为两部分。第一部分，你要识别出回忆中尽可能多的触发器。第二部分，你要记录一周当中触发器发生的情况，这会让你有信心了解触发器是如何工作的。

第一部分

填写空白部分，以了解你的触发器。

当______________________________发生的时候，

（情况或事件）

我感到______________________________，然后引发了

（情绪）

____。

（行为或另一种情绪）

当______________________________发生的时候，

（情况或事件）

我感到______________________________，然后引发了

（情绪）

____。

（行为或另一种情绪）

第二部分

对于触发器练习这部分，你需要记录下来具体是哪些情况和事件触发了哪种特定的情绪（感觉）或者行为。表格中一周的每一天都有相应的触发器、情绪和行为。所以，星期一你应该在触发器那一栏写下什么事情触发了你。在同一天的一行中记录下触发器引发了你的何种情绪，以及该情绪导致的行为。然后，坚持一周都这样做。

	触发器	情绪	行为
星期一			
星期二			
星期三			
星期四			
星期五			
星期六			
星期日			

多少算很多

现在，让我们通过数字来了解焦虑到底是严重还是轻微。数字越大，代表焦虑越严重；数字越小，代表焦虑越轻微。在第一栏中，数字由大到小排列。在第二栏中，写下与焦虑水平相关的情况、行为或者触发因素。所以，让你产生严重焦虑情绪的事情应该写在数字10那一行，而只让你感到轻微焦虑的事情应该写在数字1那一行。

10	
9	
8	
7	
6	
5	
4	
3	
2	
1	

你的焦虑想告诉你什么

焦虑可以告诉我们很多事情。有时候我们会感到焦虑完全控制了我们，因为它总是告诉我们要回避特定的地方或者人，或者让我们做出平时不会做的行为。记住，我在前面说过，让你感到焦虑的并不是当下的情况，而是你对这种情况的想法。我们再回顾一下三角形分析法，看看想法、情绪和行动是如何互相影响的，然后再来看法蒂玛的例子。

法蒂玛最喜欢的毛绒玩具泰迪先生丢了，她已经整整三天没有见到它了。她通常去哪儿都要带着它。她感到非常担忧和伤心，她怕再也见不到它了。同时，她又感到很焦虑，怕妈妈觉得她对自己的玩具不够负责。

那么，是什么让法蒂玛感到焦虑的呢？很多人会说，是因为泰迪先生丢了。但事实上，是她对于泰迪先生丢了这件事的想法，导致了她的焦虑。如果法蒂玛这样想，“我把泰迪先生丢了，妈妈一定会觉得我是个没有责任心的人”，那么她当然会感到非常焦虑和伤心。但如果法蒂玛换一种想法，“泰迪先生丢了，但也许我能找到它。如果找不到它，我就要想办法避免这种情况再发生”。如果法蒂玛有这种更积极的想法，可能就不会感到焦虑了。她可能仍会感到有些伤心，或有些顾虑，但不会像她被焦虑情绪支配那样糟糕。

所以，你要怎么做才能让控制焦虑的想法变成更积极的想法呢？

可以制订一个STOP计划，S、T、O、P代表的含义如下：

S——情况和触发器

T——想法和感觉

O——另一种想法

P——做出改变的计划

STOP计划能够帮助你挑战自己的焦虑想法，而不是完全被它控制。然后，你就能够找出新的思路和行动来减轻焦虑，让自己更加自如。

S：找出所处情况中具体是什么触发了你的坏情绪。

T：确认你对所处情况、其他人或对自己的负面想法，以及你对这些想法的所有感受。

O：这是最重要的一部分，因为你会找到另一种思考方式。换句话说，就是把负面的想法变成其他想法。

P：这是做计划的部分，找出之前什么样的行为或者动作导致了你的负面情绪，有什么积极、适用的工具能够帮助你改变它们。

让我们继续学习行为的部分，这样你就有机会实施属于你自己的STOP计划了。

假设检验

假设——你听说过这个词吗？它是什么意思呢？假设，就是提出对于事物发生的原因和工作原理的解释。当你验证一种假设的时候，就是试图搞清楚这种解释是否正确。

假设检验就是一项实验，用来检查我们“相信的解释”是否正确。例如，我相信如果采用腹式呼吸，就会感觉平静下来。要验证这个结论，那么当我感到不平静的时候，就需要试试腹式呼吸。

让我们一步一步来分析一下假设检验：

1. **提出问题。**
2. **找出与你的问题有关的尽可能多的信息。**
3. **确定你的假设（也就是你对问题答案的猜测）。**
4. **验证你的假设。**
5. **审视你的实验结果，并得出你的结论（你的答案是否正确）。**

这里有个例子告诉我们，当某一事物让你感到焦虑的时候，该如何使用假设检验。

1. **问题：如果我的成绩不好，我的朋友是不是就不喜欢我了？**
2. **信息：** 我没考好时，我的朋友从没有说过他们不再喜欢我了。
   我的朋友可能也没考好。
   我的朋友通常很友善。
   如果我没考好，我会对自己很失望。

3. **假设：即使我没考好，我的朋友应该也会喜欢我。**

4. **检验：当我没考好的时候，告诉我的朋友。**

5. **结论：我的朋友支持我，并且告诉我他们仍然喜欢我。**

你是否看出假设检验是如何帮你找出问题所在，并且帮助你如何质疑问题的？有很多不同的方式能够帮助你使用假设检验来阻止焦虑对你的控制。为什么不来尝试一次呢？

1. **问题：**--

----

2. **信息：**--

----

3. **假设：**--

----

4. **检验：**--

----

5. **结论：**--

“有可能”和“很可能”

现在让我们学习一下“有可能”和“很可能”之间的区别。这两个词听起来很相似，有时候它们确实很接近，但也有重要的区别。

有可能：是指能够做的事情，或者可能会发生的事情。例如，我能走上10英里（约16千米）到某个商店，因为我的身体能够完成。

很可能：指非常可能完成或要发生的事情，或一些更可能发生但还没发生的事情。我有可能步行10英里到那个商店，但是不太可能这么做。因为很可能是妈妈或者爸爸开车带我去。

这两个词语很重要，因为焦虑总是喜欢让你觉得“有可能”的事情“很可能”发生，事实上并不是！锻炼识别“有可能”还是“很可能”非常有用，这样你就能够尽最大努力控制你的焦虑。

阅读下表左边的文字，在“有可能”“很可能”或者“不太可能”的相应空格处画钩。

	有可能	很可能	不太可能
你的朋友会因为你考试没考好而生你的气。			
只要想到一种疾病，你就有可能会患上。			
寻求父母的帮助。			
你犯了一个错误。			
你吃的所有东西都会让你胃疼。			
有人议论你。			

STOP计划：在家中

你的“工具箱”中已经有了很多“工具”，你也学了很多克服焦虑的方法。现在你已经掌握了假设检验和其他有关STOP计划的内容，让我们一起来制订专属于你的STOP计划。

首先，我们来举个例子练习一下。

情况和触发器：我被邀请去参加一个生日聚会，但在那里我一个人都不认识。

想法和情绪：我感到恐惧、焦虑和兴奋，觉得在那里可能谁都不会喜欢我。并且我觉得自己是个无趣的人，不适合参加生日聚会。

换种思路：其他孩子没有什么理由不喜欢我。如果不去参加聚会，我就不知道自己是不是能跟其他孩子玩到一起。我可以把这次活动当成一次勇敢的行动。我妈妈说我是个很有趣的孩子。

做出改变的行动计划：我会参加这次聚会，然后使用一些应对工具来帮助自己保持冷静。我还会请妈妈支持我。

现在，请做出你的计划吧！

S	
T	
O	
P	

我们来做些新的尝试

目前为止，我们已经学习了感觉和想法，但三角形分析法中还有一点仍未提及，就是你的行为在这个过程中的作用是什么。你已经知道想法、情绪和行为是会相互影响的，现在让我们把重点放在你的行为上，看看你是如何行动，又是如何影响你的焦虑感的。

不过，我首先要谈谈选择。很多时候，你似乎无法选择如何感受、如何行动或者如何思考。但好消息是，你永远都可以选择如何行动。事实上，你对自己思想和行动的控制比你想象的要多。我们来看一个例子。

何塞对于即将到来的生日感到焦虑，整天都想着这件事。他担心如果举办生日聚会，没有人来参加。他还担心爸爸妈妈会忘记他的生日，就收不到任何生日礼物了。妈妈告诉他不用担心，但是何塞仍然不相信她，还跟妈妈说他并不想办生日聚会。后来，他去参加了其他朋友的生日聚会，无论聚会是只有5个人还是有50个人参加，都非常有趣。何塞意识到，他不能提前预知会有多少人来参加生日聚会，但他决定面对自己所担心的问题，请妈妈发出了聚会邀请。

举办生日聚会当天，何塞感到非常紧张，但是随着人们慢慢出现在聚会上，他甚至忘记去数到底有多少人来了，因为他太开心了！

你能看出何塞是如何选择另一种行动的吗？他并没有因为感到焦虑而取消生日聚会。那之后，他感觉好多了。跟何塞一样，你永远都有选择如何行动的权力。即使你对发生的事情没有太大的控制能力，你也对自己要怎么做拥有控制权。意识到这一点，就是非常有利的事情。

有时候，你很难记住你有选择权，情况越艰难，你就越难记住自己有选择权。这意味着需要一个计划来记住你有选择的能力。让我们来找出不同的或可供选择的出路，以代替让你感到焦虑的行为。这些替代行为可能最初很难做到，因为你还不习惯这样做。利用下面的活动来制订你的STOP计划吧！

替代行为

你已经知道什么是替代行为（另一种做事的方式），但你可能还不知道什么行为是消极的，以及如何用积极的行动来替换它们。以下就是常见的让焦虑挥之不去的消极行为。

1. **逃避**
2. **扔东西**
3. **喊叫**
4. **打人**
5. **忽视**

回想你在家的消极行为，写在下面。

1. --
2. --
3. --
4. --
5. --

现在来看一些积极的行为。

1. **把事情讲出来**
2. **做深呼吸**
3. **面对自己的恐惧或实施勇敢的行动**
4. **寻求帮助**
5. **使用应对技巧**

思考在家中可以做的积极行为，然后写下来。

1. --
2. --
3. --
4. --
5. --

给自己的行为评分

在你能够使用积极行为制订计划之前，需要先对可能遇到的挫折做好准备。进行这项工作的方法之一就是对你即将开展的积极行为进行评分。为什么要对它们评分呢？因为在非常复杂的情况下进行非常困难的替代行为很难成功。最好是在困难的情况下选择更简单的替代行为，这样你就不会觉得崩溃了。

在下面的表格中，按照“简单”、“中等”、“困难”的程度写出你所定义的积极的替代行为。例如，如果你觉得跟妈妈聊天很轻松，就在“简单”的一栏中写下“说出来”。如果做勇敢的行动真的很困难，就把它放在“困难”那一栏。

简单替代行为	中等替代行为	困难替代行为

制订计划

现在，你可以制订计划了，这样你在陷入负面行为模式的时候就知道该做什么了。这个活动就好像触发器活动，除了要识别触发器之外，你还要识别出一种你能应用的积极的替代行为。

无论何时，一旦发生________________________________，
（情况或事件）

我感到____________________，**就会导致**________________。
（情绪）　　　　　　　　　　（消极行为）

我计划用________________________**来替换这种消极行为。**
（一种积极的行为）

无论何时，一旦发生________________________________，
（情况或事件）

我感到____________________，**就会导致**________________。
（情绪）　　　　　　　　　　（消极行为）

我计划用________________________**来替换这种消极行为。**
（一种积极的行为）

无论何时，一旦发生________________________________，
（情况或事件）

我感到____________________，**就会导致**________________。
（情绪）　　　　　　　　　　（消极行为）

我计划用________________________**来替换这种消极行为。**
（一种积极的行为）

面对家中让你感到恐惧的事物

我们已经学过面对恐惧的事物和采取勇敢行动的重要性。还记得虫子的例子吗？如果你非常害怕虫子，要想战胜你的恐惧，你恰恰需要通过直面虫子来克服你的恐惧。你选择一个觉得恐惧的事物来面对，并完成勇敢的行动，哪怕那曾经是非常困难的事情，但你做到了！即使过程很困难，但通过克服恐惧完成一件事的感觉真的棒极了！

有时候，我们需要学习如何接受困难的事物，而不是回避或者担心它们。接受有时候真的很难，幸运的是，有很多种不同的方法能够帮助你接受困难的事物。这些方法非常重要，因为它们能够帮助你克服消极的想法和情绪。

当你感到担忧、困扰或者想逃避某种事物时，通常你会困在原地，而接受能够帮助你前进。但如何才能学会接受困难的事物呢？这里有一些不同的方法能够帮到你。

- **释放你的情绪。**当你产生了某种特定的情绪，比如焦虑，那就让它来吧！但是要保持“警觉”，留意这种情绪，随着情绪呼吸。不要总想着必须改变这种情绪，或者阻止它的到来。有时候我们需要感觉“不好”，然后才能感觉“好”起来。不要因为自己有某种情绪就苛责自己。时刻记住，没有任何情绪会一直持续下去。
- **把注意力集中在你的长处上。**不要总想着你怎么能变好或者做得更好，而是要把注意力放在你擅长的地方。
- **允许自己有弱点。**就像把注意力放在你的优点上一样，你要允许自己有弱点。所有人都有弱点，有时候，正是弱点让我们变得更强大、更开心和更完整。
- **不要苛求完美。**你以前应该听说过：没有人是完美的。的确是这样，要做到完美是不可能的。生活就是不断地学习，而犯错就是最好的学习方法。
- **允许困难的事情发生，不要试图回避或者逃避。**有些时候，你会失去喜爱的某样东西，会跟家长吵架，会感到焦虑，也会犯错，不得不面对这一切所带来的后果。与其一味地预防、避免或者回避，不如学着如何接受。当你把注意力放在自己能控制的事情上，而不是你不能控制的事情上时，才能真正控制焦虑。
- **要明白，你永远都能够控制自己的思考方式，即使对特定的情况无法掌控。**记住，让你产生特定情绪的不是当下的情况，而是自己的想法。所以，即使你无法控制当时的情况，仍然可以控制自己。

现在你已经掌握了这些技巧，拉上一位成年人作为帮手，就可以开始了。

第一步：找出你的恐惧。

第二步：确认什么时候开始实施你的勇敢行动。

第三步：当恐惧变得无法承受的时候，确认你要如何冷静下来。

用下面几页来制订你的勇敢行动计划。

制订勇敢行动计划

当你制订和实施勇敢行动计划的时候，确保有成年人帮助你。从最不可怕的事物（1）开始，慢慢过渡到最可怕的事情（10）。

	恐惧	勇敢的行动	行动时间	应对技巧
	是什么让你感到害怕？	你想如何面对自己的恐惧？	你准备何时实施勇敢行动？	你将使用哪些技巧让自己平静下来？
1				
2				
3				
4				
5				

续表

	恐惧	勇敢的行动	行动时间	应对技巧
	是什么让你感到害怕？	你想如何面对自己的恐惧？	你准备何时实施勇敢行动？	你将使用哪些技巧让自己平静下来？
6				
7				
8				
9				
10				

第四章

当你在学校

你在学校的时候，是什么感觉

学校是一个充满快乐的学习和成长的地方。在学校，你能够见到朋友们，能尝试新鲜事物，还能学习各种各样很酷的东西。但是，新的体验也会带来新的担忧——有时候甚至有很多。无论是新鲜事物、还是每天都要做的事，或是对未来的担忧，一天当中总有一些时刻，焦虑会侵袭并控制你，并让你感到学校是问题的根源。就像你已经知道，自己比想象的有更多控制力，学校并不是问题所在，而是那狡猾的焦虑控制着你，让你对本来超级有趣的地方感到不喜欢。

有很多原因让你在学校感到焦虑，其中一个原因可能是社交方面的——来自你的朋友、同学、老师或者学校里的其他人。让我们听听何塞怎么说。

何塞上二年级，他每天都哀求妈妈不要让他去学校，要留在家里，因为他担心交不到朋友。每一天课间他都要去洗手间或者保健室，一旦老师布置了小组作业，他就会哭。他很焦虑，怕其他小朋友知道他没有朋友而欺负他。

他担心自己有什么问题，所以才没有人跟他一起玩。

可怜的何塞！他总是一味地回避课间和小组作业，而不是去面对自己的恐惧。何塞的表现也让其他小朋友很难邀请他加入，因为他课间常常不在，也没法被选为小组作业的成员。

也许何塞学习一些适应策略，向他人寻求帮助，实施一些勇敢的行动，或者时刻记住自己的能量，就会感觉好多了。目前为止，我们已经学习了很多方法，你觉得何塞应该做些什么来控制他的焦虑呢？

像我一样的孩子

这里还有一些故事，从中可以看出很多孩子在学校都会有担忧或恐惧的事物。这些故事可能会帮助孩子找出自己担忧的事情。

利兹

利兹上五年级，她最担心的就是各种考试。她没日没夜地学习，但仍然担心自己没有记住正确的信息。有时候，她在考试中会僵住，怎么也想不起来前一天晚上还记得清清楚楚的那些知识。那么，利兹可能有什么样的想法呢？

诺亚

诺亚上三年级，他害怕的是在学校吃饭或上厕所。他担心如果吃坏了肚子，会在学校生病；还担心别人听到他上厕所而觉得他不好。诺亚上学的时候会试着坚持一整天在学校不吃不喝。不吃不喝或者不上厕所是如何让诺亚的焦虑更加严重的呢？他又有什么想法呢？

贾马尔

贾马尔上二年级，他很怕离开家长。他总是担心，如果不时时刻刻跟家长待在一起，就会有不好的事情发生。每天早上他都跟家长说自己生病了，然后用尽一切办法不去上学，而是跟家长待在一起。你能猜出为什么贾马尔的行为让他感到更加焦虑吗？

上学时的情绪

学校能够让人产生各种不同的情绪，而且你很难区分现在的感觉到底是什么。可能你知道自己感觉“不好”，却不能很好地解释它。而且，你知道自己的情绪能够影响自己的思维，还能够影响自己的行为。这里列举了我们大多数人都会拥有的情绪。回想一下你上一次在学校产生这种情绪的情形，然后记录在对应的情绪下面。

生气

悲伤

嫉妒

恐惧

尴尬

骄傲

在学校里，你什么时候会感到焦虑

学校是能够见到朋友的地方，也是你参加考试取得不同等级成绩的地方，还是老师会观察你的表现，并且指出你做得是否正确的地方。这都是通过测验和做家庭作业来完成的，也可能通过在课堂上提问来了解。你可能会担心自己说出错误答案或者用词不当，这时你的心脏会加速跳动，甚至让你无法集中精神听清老师在说什么。这些都让学校成为一个可怕的地方，是不是？

不清楚到底是什么让你担忧，就好像你没有带手电筒而走进一个漆黑的房间。虽然你可以伸手摸索前进，但是手电筒的光亮会让你清楚地看到前进的方向。带着焦虑去上学，而又不清楚其中的原因到底是什么，这感觉就好像在漆黑中前进，这非常有可能让你更加焦虑，还会让你产生不想去学校的想法。

还记得前面我们讲过的触发器吗？触发器可能很复杂。你已经了解到，触发器可能很小，也可能很大。一件事可能引发很多种结果，很多事情也可能触发同一种结果。最初，这一切看起来都让人困惑，但你会搞明白的。现在，你在学校也可以使用这些知识了。

你对学校生活的焦虑可能来自离开家或者没有了父母在身边的安全感，或者害怕被嘲笑，这些都可能是你的触发器。学校是个拥挤的地方，这也可能让你感到崩溃。你的恐惧有的来自社交，或者来自学业成绩，也可能来自特定的某些事物，比如，可能你曾经在操场上看到了一只蜘蛛。

社交恐惧涉及学校里的其他孩子。害怕在同学面前说话，担心参加团队体育活动的时候没有被选中，或者害怕被人嘲笑，这些都是社交恐惧不同程度的表现。我们很难预测其他孩子的行为，这可能有些可怕。你可能永远也无法理解其他孩子的行为。例如，有些孩子可能因为对你不满而说一些不好的话，或者他们出于恐惧和悲伤做出一些不好的行为。喜欢喊叫的孩子可能是因为他在家就会听到很多喊叫，还有的孩子会因为担心其他孩子的看法而说不出话甚至僵住。

学校恐惧的表现通常来自考试、作业和评分。学校最主要的活动就是学习，而老师评价你的学习情况最主要的方式就是给你打分。评分有时候是好事，但也可能会让有的孩子感到非常担忧。没有人愿意得低分，但也不可能做到完美。

对于特定的恐惧，我们称之为“恐惧症”。通常当一个人有恐惧症的时候，他会尽力回避自己所害怕的事物。如果在学校你不得不面对特定的恐惧，那么学校就会变成一个非常可怕的地方！以下这些是比较常见的特定恐惧：

很高的地方　　蜘蛛　　尖锐物　　细菌　　人群

现在你已经了解了在学校可能会出现的焦虑，接下来你需要了解学校焦虑是如何控制你的。接下来的活动能够帮助你找到到底什么是自己焦虑的触发器，这样你就能拿起手电筒，不用在黑暗中彷徨！

在校恐惧

下面的表格中是一些常见的在校恐惧。请在表格中找出你对特定情形的忧虑频繁程度，并在“从未”“有时”或“经常”相应的位置打钩。然后，看看表格填写的情况。你是否能够说出最让你感到恐惧的事物？

情景	从未	有时	经常
离开家长			
被嘲笑			
得低分			
感到拥挤			
靠近生病的人或者在有很多细菌的环境中			
担心午餐时间或课间会发生的事情			
在体育馆参加体育活动或者上体育课			
说错话			
课上被点名			
在学校生病			
在学校去洗手间			

我的手电筒

看看这两个手电筒，其中一个比另一个小一点儿。因为一个是用来处理“有时”那一栏的担忧，另一个是用来处理“经常”那一栏的担忧。把你在学校所有的担忧放进手电筒的光线中，这样你就不再害怕黑暗了。

你的焦虑想告诉你什么

就像已经学过的，焦虑可以向你传递很多信息。还记得吗？你知道焦虑会控制自己，因为它要告诉你该去哪里，该做什么。自己在学校的时候也是这样的。你也清楚有很多方式会触发焦虑，让我们看看学校触发器是什么样子的。

由希对于同学怎么看待他感到非常紧张，很怕同学们觉得他不聪明。有一天早上准备上学的时候，妈妈提醒他再不快点儿就要迟到了。而这正好触发了他的恐慌，他变得非常焦虑，因为他不想在众目睽睽之下走进教室。

由希的触发器是妈妈的催促，但他可能还有其他很多触发器。如果他知道自己的触发器是什么，就能在即将被触发的时候处理得更好。

让我们再来看一些例子，你就能更加了解校园焦虑是如何改变你的情绪的。

艾玛上四年级，她喜欢科学和艺术。她的朋友都觉得她有趣又聪明。有一天，艾玛在一次考试中没有考好，她感到非常焦虑。

是什么让艾玛变得焦虑呢？很多人会说是这次不佳的成绩，但事实上是她对这次成绩的想法让她感到焦虑。如果艾玛想：“我没考好，肯定是因为我不够聪明；如果我不聪明，我的朋友们就不会喜欢我；如果我学得不好，我的家人也会对我非常失望。”那么她肯定会感到非常焦虑。

但是，如果艾玛这样想：“我这次考试考得不好，但仅仅是这次而已。这次没考好，我感到很不开心，但下一次我会更努力。”或者她还可以这样想：“每个人都可能有没考好的时候，如果我已经尽力了，我的朋友和家人怎么会觉得我不好呢？！”如果艾玛可以这样想，可能就不会感到焦虑了。她可能会有一点儿伤心、一点儿担忧，但绝对不会焦虑。你是否已经看出情况还是原来的情况，艾玛仍然没考好，但换个想法之后她的情绪完全不一样了？

在接下来的内容中，你会做一些假设测试，学习更多在学校“有可能”和“很可能”的情况，然后针对校园焦虑制订STOP计划。

假设检验

我们来应用一下假设检验，但这次我们主要集中在跟学校有关的焦虑上。首先，我们复习一下假设检验的步骤：

1. **提出问题。**

2. **找出与你的问题有关的尽可能多的信息。**

3. **找出你的假设（也就是你认为问题的答案）。**

4. **验证你的假设。**

5. **审视你的实验结果，并得出你的结论（你的答案是否正确）。**

好的，让我们开始吧！

1. **问题：** ______________________________

____

____

2. **信息：** ______________________________

____

____

3. 假设：

4. 检验：

5. 结论：

“有可能”和“很可能”

你已经能区分在家时哪些情况是“有可能”发生，哪些情况是“很可能”发生，那么在学校呢？现在我们来看一些在学校会让你担忧的事情，然后将它们划分为“很可能”和“有可能”。首先，来看关于“有可能”和“很可能”定义的提示。

有可能：可以做到的事情，可能发生的事情。

很可能：非常有可能发生的事情，大概率要发生的事情。

现在完成你在学校担忧的事物清单：

1. ……

2. ……

3. ……

4. ……

5. ……

在对应的项目下写出你的担忧：“有可能”或“很可能”。

有可能	很可能

STOP计划：在学校

这次你用在学校要做的事情完成 STOP计划。计划内容可以跟表现有关，也可以是社交情况或者其他特定的事物。下面是有关STOP计划的提示：

S：情形和触发器
T：想法和情绪
O：换一种思路
P：做出改变的行动计划

现在，完成你自己的在校STOP计划吧！

S	
T	
O	
P	

我们来做些新的尝试

我们已经了解选择权，也明白有时候看起来并不是你选择了自己的情绪、行为或想法，但它们就是发生了。不过你对这些事情是有控制权的。来看一下莎拉在学校的行为是如何影响她的情绪的。

莎拉会因为细菌而焦虑。她班上很多同学都生病了，她担心自己也会被传染感冒。莎拉无法控制自己的想法，并且求妈妈不要让她去学校，她想待在家里，但妈妈仍然让她去了学校。莎拉躲着朋友们，怕他们把细菌传染给自己。但她开始感到孤独，躲了朋友们一上午，也没有感觉好一些。她决定面对自己的恐惧，并且在课间的时候尝试跟一个朋友玩。莎拉选择使用一些应对策略，在玩的时候保持冷静。虽然一开始仍然感到很焦虑，但慢慢地她感觉平静下来，甚至感到了开心。

莎拉是如何改变自己的行为的？换句话说，她选择不回避让自己感到焦虑的事情，之后便感觉好多了。记住，无论在任何情况下，你都有选择如何行动的权利。即使对当下的情况没有太多的控制力，你也可以对自己的行为有完全的控制力。

你已经知道替代行为是什么，所以现在我们来探索在学校如何改变行为。跟在家的替代行为一样，最开始做起来可能很难，因为你还不习惯这种方式。在接下来的内容中，你会弄清楚在学校的消极行为和积极行为，并用积极行为替代消极行为。然后，你就能够制订在学校的行为计划了。

替代行为

了解了替代行为，但你可能还不知道什么样的行为是消极行为，以及如何用积极行为替代它。首先，让我们先识别一下让焦虑挥之不去的消极行为有哪些。

1. **逃避（回避课间、午餐等）**
2. **忽略朋友们**
3. **喊叫**
4. **打架**
5. **拒绝做作业**

思考在学校你可能会出现的消极行为，写在下面。

1. ______
2. ______
3. ______
4. ______
5. ______

现在，我们来确认一些积极行为。

1. **对老师或者朋友讲出来**

2. **做深呼吸**

3. **面对你的恐惧或实施勇敢的行动**

4. **寻求帮助**

5. **使用适应技巧**

思考你能在学校做的积极行为，然后写在下面。

1. ________________________________

2. ________________________________

3. ________________________________

4. ________________________________

5. ________________________________

给自己的行为评分

记住，在你能够为积极的替代行为制订计划之前，需要为成功做好准备。在表格中写下你认为的积极行为，然后把它们填入对应的“简单”“中等”或者“困难”的那一栏。

简单的替代行为	中等的替代行为	困难的替代行为

制订计划

现在可以制订计划了，这样当进入消极行为模式的时候，你就确切地知道该怎么做了。就像上一章中的触发器活动一样，除了要确认你的触发器，还要确认一种自己能使用的积极行为。

当出现________________的时候，
（情况或事件）

我感到________________，就会导致________________。
（情绪）（消极行为）

我计划用________________来替换这种消极行为。
（一种积极的行为）

当出现________________的时候，
（情况或事件）

我感到________________，就会导致________________。
（情绪）（消极行为）

我计划用________________来替换这种消极行为。
（一种积极的行为）

当出现________________的时候，
（情况或事件）

我感到________________，就会导致________________。
（情绪）（消极行为）

我计划用________________来替换这种消极行为。
（一种积极的行为）

面对学校里让你感到恐惧的事情

你已经知道接下来要做什么了——勇敢的行动！这是上一章学过的接受策略，但这里主要集中在如何接受学校里让你不舒服的事情。

- **让情绪释放出来。**当你考试没考好的时候，感到伤心是很正常的。允许自己感到伤心也是学习的过程，而且是让感觉好起来必经的过程。如果因为某人在午餐时不理你，或者在课间活动时被选为最后一个而生气，都没有关系。不为难自己，接受自己的情绪，就更容易摆脱负面情绪。
- **将注意力放在你的力量上。**如果数学没考好，不要忘了你其他作业完成得很棒。如果纠结于学校的功课，可以想想你是个非常好的朋友。事物总是有消极和积极两面，而认识积极的一面对缓解焦虑是非常有帮助的。
- **允许自己失误。**所有人都会有失误，在学业成绩占据重要位置的学校里尤其是这样。记住，失误会让我们更强大！
- **不要企图事事完美。**这句话可能听起来很老土，但确是事实：人无完人。你可能会觉得其他孩子没有什么问题，或者好像除了你以外，其他同学都明白那道数学题怎么解，但这其实是焦虑在控制你，并不是事实！有的时候是因为你对自己的要求过高，意识到这一点十分重要，因为这只会让你失败。没有人是完美的，而且每个人都有自己的难处，即便是那些看起来游刃有余的人，他们可能跟你一样会感到焦虑。

- **接受困难事物的存在，不要一味地回避。**总会有没考好的时候，或者在玩游戏时最后一个被选中，或者老师让你回答问题时你说了错误的答案。我知道，这些听起来很糟糕，但学会接受它们是非常重要的。也许你会跟最好的朋友吵架，也许你会说出让自己很尴尬的话，你知道这是怎么回事吗？要完全避免不好或困难的事情是不可能的，在学校里也一样。记住你学到的：把注意力集中在自己能控制的，而不是控制不了的东西上。
- **要明白，即使处在无法控制的情境中，你也可以选择如何看待自己的处境。**你可能在最后一次考试中已经尽了全力，现在考试结束了，你无法改变结果，但可以选择如何看待这件事，这将影响你的情绪和行动。你比自己所认为的更有力量！

现在，就跟之前一样，找一位成年助手来一起练习吧。

下面是关于步骤的提示：

第一步：找出在学校恐惧的事物；

第二步：找出应该在什么时候进行勇敢的行动；

第三步：当可怕的事情变得太恐怖时，知道如何平静下来。

好了，是时候来制订自己的勇敢行动计划了。

勇敢行动计划

当制订和实施勇敢行动计划的时候，一定要有成年人的帮助。从最不吓人的事物（1）开始，按照恐惧的程度直到（10）。

	恐惧	勇敢的行动	行动时间	应对技巧
	是什么让你感到害怕？	你想如何面对自己的恐惧？	你准备何时实施勇敢行动？	你将使用哪些技巧让自己平静下来？
1				
2				
3				
4				
5				

续表

	恐惧 是什么让你感到害怕？	勇敢的行动 你想如何面对自己的恐惧？	行动时间 你准备何时实施勇敢行动？	应对技巧 你将使用哪些技巧让自己平静下来？
6				
7				
8				
9				
10				

第五章

当你在外面

当你在外面的时候，是什么感觉

现在你已经了解在家和在学校时会出现的焦虑，接下来，我们讨论外出时可能会出现的焦虑。你是否还记得改变有多可怕？尤其是从一个地方换到另一个地方的时候，你会感到特别害怕或焦虑。如果你要去的地方是自己从没去过的陌生地方，恐惧的感觉可能会更加强烈。让我们来读一读艾拉的故事。

艾拉今年九岁，这个星期六她会非常忙碌。首先，她要去观看哥哥的篮球比赛，然后和家人以及哥哥的一些朋友去一家她从来没有去过的餐馆。艾拉想，哥哥的朋友会是什么样子？要知道，以前哥哥的朋友曾经捉弄过她，很不友好。她还想，那个餐馆会是什么样子？万一在离家那么远的地方肚子疼怎么办？如果不喜欢那里的食物，就要一直饿肚子直到回家。去过餐馆后，艾拉还要跟她的朋友萨利及其家人一起去看电影。艾拉又想，不知道那部电影会不会很吓人？她担心如果自己觉得电影很可怕，萨利可能不想再跟她做朋友了。或者万一她在餐馆吃坏肚子而不能去看电影了怎么办？萨利会不会生她的气？

看看艾拉这些焦虑的想法！难怪每次出门她都觉得自己

要失控。

如果艾拉这一天过得不好，也在意料之中，她这样的想法有点儿傻，因为她要做的都是自己喜欢的事情：外出就餐，跟家人共度时光，跟朋友看电影。如果艾拉被焦虑控制，那么她可能会求妈妈让自己留在家里，或者通过装病来逃避一切。那样她就会错过喜爱的事情。艾拉越是躲在家里回避那些让她担忧的事情，焦虑就会变得越强大，对她的控制也越严重，就像第一章里提到的那个弹力球一样。

变化并不是唯一引起焦虑的事情，还有其他成千上万的事情可能会触发焦虑。你要做的第一步，是找到自己外出时的触发器是什么，然后思考怎么应对。

让我感到焦虑的地方

下面列举了一些当你在外面时可能会触发焦虑的情况，圈出同样适于你的情况。在第二部分，写下在第一部分中没有列出的其他情况、事物或者变化，这样我们就能够针对只属于你的触发器想出更好的办法。

一家新的餐馆
一个朋友的家
一个拥挤的地方
一个不熟悉的环境
一片空白的地方
在回家之前先去很多不同的地方

当我面临下面的情况时，会感到焦虑：

--　--
--　--
--　--
--　--
--　--
--　--
--　--

多少算很多

现在让我们量化一下你焦虑的程度。之前已经做过类似的事情，但这次你要将之前活动中的情况用数字表达出来。记住，数字越大，表示焦虑程度越严重；数字越小，表示焦虑程度越低。在第一栏中，数字由大到小排列。在第二栏中写下对应的焦虑水平的情形、行为或触发器。

10	
9	
8	
7	
6	
5	
4	
3	
2	
1	

人、地点和事物

有时候，一个地方会让你感到恐惧，但第二天就不再那么让人恐惧了。或者可能并不是某个地方，而是某一个特定的人或者某一个事物让你感到焦虑。摆脱焦虑的控制，第一步是找出你的触发器，对不对？我们来听听下面这些孩子的故事，并且找出他们的触发器是什么。

安雅清楚地知道自己的触发器是什么——狗狗，她觉得所有的狗狗都很可怕。如果朋友家里有狗，她是绝对不会去的。有一次，为了躲开一条狗，她甚至冲到了大街上。这对于安雅和她的家长来说非常可怕。通常当她刚刚想起狗狗的时候，心跳就会加速，有时还会出汗。安雅已经准备好要对抗自己的焦虑，就像你已经准备好要对抗自己的焦虑一样。

安雅的焦虑就是我们所说的特定恐惧，这是另一种类型的焦虑。特定恐惧并不是只针对狗狗，还可能是对其他任何事物的恐惧，比如虫子、蛇、电梯、飞机和其他很多东西。所有人都会害怕某样东西，但是特定恐惧会让你无论如何都想躲开令自己恐惧的事物。

格雷森并不是一直害怕电影院。只有当电影院坐满人的时候，他才感到害怕。问题在于，格雷森并不知道电影院什么时候人多、什么时候人少。他妈妈试图跟他说明一切都很安全，但他仍然会在走进漆黑的电影院，看到那些人坐在位子上的时候，感到很不舒服，甚至会恶心。有一次，他妈妈很早的时候带他去电影院看电影，好让他不再因为拥挤而感到不适。但即使当时只有很少的人在电影院，他还是忍不住想会不会有更多的人进来。最终，他没能看完电影就要求妈妈带他离开了。

可怜的格雷森！他完全被自己的焦虑支配了。有时候，焦虑是非常具体的。它会让我们觉得某件事肯定要发生时，只有某个地方是安全的。我们可能会因为焦虑而避开所有拥挤的地方，如电影院或游乐场，即便我们非常喜欢看电影和玩游戏。

艾丽西亚非常害怕在外面过夜。她总是觉得一旦自己离开了家长，家长就会发生什么事情，她也非常担心自己所说的话或者所做的事遭到朋友嘲笑。她的朋友经常一起外宿，这让她觉得非常失落，但她仍然不知道怎么抵抗焦虑对她的控制。

在这个案例中，艾丽西亚的焦虑来自社交。她害怕被自己的朋友们评价。其他基于社交的焦虑，还包括跟陌生人说话、提问题、做公开展示，甚至在餐馆点餐。

现在你可以开始寻找自己的触发器了。通过接下来的练习，看看你会错过什么，你真正害怕的是什么，以及如果你真的做了自己害怕的事情，到底会发生什么。

我错过了什么

就像你从上面这些故事中了解到的一样，当你被焦虑支配时，会错过很多事。安雅因为朋友家有狗而不去朋友家，格雷森不去电影院看电影，艾丽西亚不去参加外宿活动。如果你被自己的焦虑支配，你会错过什么呢？接下来，你会看到很多不同类别的东西：人物、地点或者事情。按照这些类别，写下你可能会错过的事情。

人物：因为你的焦虑，你没能陪伴或遇见的人是谁？

地点：因为你的焦虑，你没去成的地方是哪里？

事情：因为你的焦虑，你错过了什么事？

我害怕什么

有的时候，恐惧和焦虑很难分辨。还记得艾丽西亚害怕去参加外宿活动吗？事实上，并不是外宿活动让她感到害怕，对不对？让她感到焦虑的是她害怕在朋友面前说错话或者做错事。你能够替艾丽西亚找出答案，但如果有时候不是那么容易分辨呢？你如何知道自己真正恐惧的到底是什么呢？你可以使用“向下箭头”的方法，不断地问自己一些问题，然后通过答案找出你真正恐惧的是什么，以及它代表了什么。让我们用艾丽西亚的恐惧来做个示范。

我害怕外宿活动。

如果你去参加外宿活动会发生什么？

我的朋友会取笑我。

如果真的是这样，那意味着什么？

我很笨。

接下来会发生什么？

他们会不喜欢我。

那对你来说意味着什么？

我不受欢迎。

按照这个“向下箭头”的方法，你会发现艾丽西亚其实并不是害怕外宿活动，而是怕朋友们认为她不配做自己的朋友。很快我们就能知道艾丽西亚在这些想法的驱动下会做些什么，但是现在，你自己来尝试一下“向下箭头”的方法吧。

你害怕的情况是什么？

如果这是真的，那意味着什么？

接下来可能会发生什么？

这对你来说意味着什么？

如果我坚持去了，会发生什么

现在你已经知道如何找出自己真正的恐惧或焦虑是什么，可以想象一下，如果你不再逃避，会是什么样子。这跟勇敢的行动很相似，你不必真的去面对自己的恐惧，要做的只是想象一下如果你不回避，它会是什么样。如果你不想再逃避害怕的事物，可以在下面的“思维泡泡”里画出你想象的会发生的事情（积极的和消极的）。

你的焦虑想告诉你什么

你已经知道，在家的焦虑会告诉你很多信息，而在学校的焦虑会告诉你更多信息。焦虑时刻都准备控制你，可能是在家，可能是在学校，也可能在任何地方！我们先来找出你在外面时可能会出现的触发器。让我们从下面的例子开始。

金很喜欢跟小伙伴一起玩。周末的时候，她会跟朋友们一起去其中一个朋友家玩。一个周六，金正准备去朋友莱拉家玩，她为不知道穿什么而感到紧张。因为有一次，她的朋友们在课上嘲笑了一个穿高领毛衣的同学，她不想因为自己的穿着而被朋友们嘲笑。她试了很多套衣服，直到妈妈喊她出门。金在路上一直感到很紧张，当到了莱拉家时，她觉得自己要因为焦虑而爆炸了。当一些女孩子笑的时候，金觉得她们在笑她，她感到如此焦虑，甚至哭起来，并且要求回家。

你觉得金的触发器是什么呢？其中一点就是她想知道朋友到底喜欢或不喜欢什么。

当金想知道朋友的想法或者总要做“正确”的选择时，就让自己陷入了焦虑，因为她不可能了解别人的想法或者总是知道别人的意见。另一个触发器就是当朋友在笑的时候，她并不知道她们在笑什么。如果金知道这些事情是她的触发因素，并更加注意这些，可能就不会这么焦虑了。

我们来看一些例子，让你更多地了解不同的情况下自己的想法，从而改变你的情绪。

奥托喜欢去博物馆，但最近他总是害怕去陌生人很多的地方。奥托最担心的是他可能会感染其他人身上的细菌，并因此而生病。他想跟父母说自己再也不想去博物馆了。

现在你已经是专家了，你马上就能看出来，让奥托紧张的不是博物馆，而是他对博物馆的想法。如果奥托这样想：“如果我去了博物馆，就会生病，一旦生病，我就无法控制病情。”他就会变得非常焦虑。但如果奥托这样想：“在博物馆，我有可能会被传染而生病，但也很可能不会。如果真的生病了也不可怕，因为我之前生过病，虽然过程可能会很难受，但很快就痊愈了。”你能看出奥托的想法如何改变了他对当时情况的看法吗？

我们来练习一下已经学到的。你要做更多的假设检验，学习更多有关“很可能”和“有可能”的情况，然后制订外出时可以应用的STOP计划。

假设检验

我们来进行假设检验，但这一次我们要着重关注当你外出时产生的焦虑。首先，这里有假设检验的步骤提示：

1. **提出问题。**

2. **找出与你的问题有关的尽可能多的信息。**

3. **确定你的假设（也就是你认为的问题的答案）。**

4. **验证你的假设。**

5. **审视你的实验结果，并得出你的结论（你的答案是否正确）。**

好了，让我们开始吧！

1. **问题：**______________________________

____

____

2. **信息：**______________________________

____

____

3. 假设：

4. 检验：

5. 结论：

“有可能”和“很可能”

对于如何区分在家中和在学校“有可能”和“很可能”发生的情况，你已经是专家了，那么当你处于外面这个大世界中时是什么样呢？让我们列举出你在外面时担心的是什么，然后将它们按照“有可能”和“很可能”进行分类。首先，下面是关于“有可能”和“很可能”定义的提示。

有可能：可以做到的事情，可能发生的事情。

很可能：非常有可能发生的事情，大概率要发生的事情。

现在列出当你在外面时的担忧清单：

1. --

2. --

3. --

4. --

5. --

按照“有可能”和“很可能”的分类写下你的担忧。

有可能	很可能

STOP计划：在外面

现在，完成与你在外面要做的事情有关的STOP计划。它可能跟表现有关，也可能跟社交情况或者某些特定的东西有关。首先，这里是关于STOP计划的提示：

S：情形和触发器
T：想法和情绪
O：换一种思路
P：做出改变的行动计划

现在来完成你专属的STOP计划吧。

S	
T	
O	
P	

我们来做些新的尝试

你已经完全了解如何选择了，对吧？你已经知道，虽然有时候感觉无法选择自己的情绪、行为或思想，但那绝对不是真的。让我们来关注一下你外出时的行为。首先，让我们来看看罗曼在外时的行为是如何影响他的情绪的。

罗曼非常爱他的父母。当他远离父母的时候，就会变得非常焦虑。他真的非常喜欢跟朋友们一起去餐馆共度美好时光，却一直在回避这些活动，因为这会让他离开父母身边。罗曼的父母说，这个周末他们去约会时，罗曼的姑姑会带罗曼出去吃饭，然后去打保龄球。即使罗曼很喜欢姑姑，喜欢打保龄球，也喜欢出去吃饭，但他还是变得非常焦虑，他开始大哭和尖叫，并哀求父母不要去约会。

你是否看出罗曼的焦虑正在控制他？离开家长让他感到非常焦虑，哪怕错过他很喜欢的活动。那么，罗曼该如何改变呢？要记住，他的想法是可以改变自己的情绪和行为的。罗曼可以告诉自己，他只是离开家长几个小时而已，提醒自己有多么喜欢打保龄球，然后进行腹式呼吸，让自己平静下来。罗曼如果可以这样想，肯定能够感觉好一些，对不对？记住，情况并没有改变，改变的只是罗曼的想法、行为和情绪。

现在让我们找出可以进行替换的积极行为，并为你制订出门计划。

替代行为

你知道替代行为是什么，但你可能不知道外出时哪些行为是消极的，以及如何用积极的行为替代它们。让我们来定义一下哪些消极行为会让焦虑挥之不去。

1. **逃避（逃避去餐馆、保龄球馆等）**
2. **忽略朋友们**
3. **喊叫**
4. **打架**
5. **拒绝去任何地方**

思考你出门时可能会做的消极行为，然后写下来。

1. --
2. --
3. --
4. --
5. --

现在来确认一些积极行为。

1. **跟妈妈或者爸爸谈一谈**
2. **做深呼吸**
3. **面对你的恐惧或进行勇敢的行动**
4. **寻求帮助**
5. **使用应对技巧**

思考当你在外面时可以做的积极行为，然后写下来。

1. ________________________________
2. ________________________________
3. ________________________________
4. ________________________________
5. ________________________________

给自己的行为评分

记住，在你能够制订计划实施积极行为前，你需要做好成功的准备。在表格中，将替代行为按照简单、中等或困难的等级填入表格中。

简单的替代行为	中等的替代行为	困难的替代行为

制订计划

现在，可以制订计划了，这样当你在外面陷入消极行为模式的时候，就知道该做什么了。这项活动就跟触发器活动一样，除了确认触发器以外，你还需要确认一项能够实行的替代行为。

当出现________________________________的时候，
（情况或事件）

我感到________________，就会导致________________。
（情绪）（消极行为）

我计划用________________________来替换这种消极行为。
（一种积极的行为）

当出现________________________________的时候，
（情况或事件）

我感到________________，就会导致________________。
（情绪）（消极行为）

我计划用________________________来替换这种消极行为。
（一种积极的行为）

当出现________________________________的时候，
（情况或事件）

我感到________________，就会导致________________。
（情绪）（消极行为）

我计划用________________________来替换这种消极行为。
（一种积极的行为）

面对外界令你恐惧的事物

是时候练习你的接受策略，并且为勇敢的行动武装起来了！这一次，让我们聚焦在你的接受策略是如何应对外出时要面临的情况的。

- **让情绪释放出来。**当你要去某个没去过的地方时，感到恐惧是正常的，因为你不知道要面临什么。当你开始自我否定的时候（比如，觉得如果我比现在更好，或许就不会这么害怕了），你会感觉更糟，而且肯定不会赶走自己的恐惧。
- **将精神集中在自己的力量上。**记住，当你在外界对一件事感到焦虑的时候，还有很多让你感到舒适的事情可以做。也许你因为要去一个新地方而感到紧张，但你会在认识新朋友时感到开心。可能你真的不喜欢待在拥挤的人群中，但你非常喜欢跟朋友在外面玩的感觉。你有自己的优势，即使你处在恐惧中，也并不代表这些优势不存在。
- **允许自己有弱点。**你已经学到了，每个人都有弱点，正像每个人都有优势一样。如果你总是持续地自我否定，或者希望控制或摆脱所有弱点，那么你会一直感到焦虑。
- **不要试图做到完美。**当在外面的时候也是这样的，你要明白，人无完人。如果你总是要完成不可能的事情（比如，做到完美），就意味着你会不断地失望、伤心和焦虑。放弃不可能做到的完美吧！

- **允许困难发生，不要试图回避或逃开。**你在外面总会有感到不舒服的时候，这是不可避免的。你可能不喜欢拥挤，但有时候这是不可避免的。允许困难的事情发生，这能够帮助你提升自己承受压力的能力，这就是“抗挫能力”。
- **记住：你可以控制自己面对事物的方式，即使你对特定的情况没有办法。**你可能需要去一个新的地方，你可能必须去一个拥挤的地方，你可能需要见陌生人，你可能需要做一些不想做的事情，这就是生活！有时候生活很精彩，而有时候生活却很艰难。重要的是，你要记住，即使必须做一些不想做的事，你还是可以控制自己的想法，这会直接影响你的情绪。你比想象中对自己更有控制力。

现在，让我们武装起来，完成勇敢的行动吧！记得叫上一位家长或者其他成年人一起参与。以下是完成勇敢行动的步骤：

第一步：确认外出时你的恐惧是什么。

第二步：确认你要在什么时机实施勇敢的行动。

第三步：确认当可怕的事情变得太恐怖时，你要如何冷静下来。

利用接下来的练习丰富自己的勇敢行动计划吧！

勇敢行动计划——地点

确认有成年人参与制订你的勇敢行动计划。在这个计划中，要注意的是那些让你感到焦虑或者恐惧的地点。从最轻度的恐惧（1）开始，一直写到最恐惧的事情（10）。

	恐惧	勇敢的行动	行动时间	应对技巧
	是什么让你感到害怕？	你想如何面对自己的恐惧？	你准备何时实施勇敢行动？	你将使用哪些技巧让自己平静下来？
1				
2				
3				
4				
5				

续表

	恐惧	勇敢的行动	行动时间	应对技巧
	是什么让你感到害怕?	你想如何面对自己的恐惧?	你准备何时实施勇敢行动?	你将使用哪些技巧让自己平静下来?
6				
7				
8				
9				
10				

勇敢行动计划——人

同样要确保在制订和实施勇敢行动计划时有成年人的协助。在这个计划中，你要把注意力集中在与人有关的，让你感到焦虑或恐惧的事情。这可能是跟素未谋面的某人会面，也可能是跟陌生人讲话（例如服务员）或寻求帮助。从最不可怕的事情（1）开始，一直写到最可怕的事情（10）。

	恐惧	勇敢的行动	行动时间	应对技巧
	是什么让你感到害怕？	你想如何面对自己的恐惧？	你准备何时实施勇敢行动？	你将使用哪些技巧让自己平静下来？
1				
2				
3				
4				
5				

续表

	恐惧	勇敢的行动	行动时间	应对技巧
	是什么让你感到害怕?	你想如何面对自己的恐惧?	你准备何时实施勇敢行动?	你将使用哪些技巧让自己平静下来?
6				
7				
8				
9				
10				

勇敢行动计划——事物

确保制订和实施勇敢行动计划时有成年人的协助。在这个计划中，要将注意力放在让你感到焦虑或恐惧的事物上，包括特定恐惧症（例如对狗或虫子感到恐惧）、特定的东西、细菌等。从最不可怕的事物（1）开始，一直写到最可怕的事物（10）。

	恐惧	勇敢的行动	行动时间	应对技巧
	是什么让你感到害怕？	你想如何面对自己的恐惧？	你准备何时实施勇敢行动？	你将使用哪些技巧让自己平静下来？
1				
2				
3				
4				
5				

续表

	恐惧	勇敢的行动	行动时间	应对技巧
	是什么让你感到害怕？	你想如何面对自己的恐惧？	你准备何时实施勇敢行动？	你将使用哪些技巧让自己平静下来？
6				
7				
8				
9				
10				

你做到了

你非常努力，并且学习了这么多有关焦虑以及如何应对它的知识。现在你更加了解自己的焦虑：何时、如何和为什么会变焦虑，以及在家、在学校、在外面时可以做的各种不同的事情，以让自己感觉好一些。你还学习了自己的想法、情绪和行动是如何相互作用的，以及你比自己认为的有更多的控制力。我知道这一切不容易，面对你真正觉得可怕的事情，你使用全新的应对工具坚持了下来。

真的应该奖励你一个大大的拥抱，以庆祝你的巨大成功！无论是完成了一个、两个或者本书中的所有活动，你都是个勇敢的孩子。要记住的最重要的事情就是，如果有一天你再次感到焦虑，也是很正常的。记住，焦虑有时候是很有用的，也是我们不可能完全避免的情绪，一天一天慢慢来。记住，当焦虑企图再次控制你的时候，要使用你的应对工具！

仅限家长阅读

你是否加重了孩子的焦虑

做一名家长可能是你一生中最感恩、最棒的经历，但也可能会非常艰难，毕竟家长没有任何说明书。如果你的孩子正因为焦虑而挣扎，这可能让你感到崩溃和恐惧。

多数家长都会达成一个共识，那就是希望给孩子最好的一切，但什么才是应对孩子焦虑的最好办法呢？当你的孩子在痛苦中惊恐、哭泣时，家长的第一反应是给他安慰和信心。但是，当你面对一个焦虑的孩子时，安慰不仅无法缓解反而可能会加重他的焦虑。一个焦虑的孩子可能会对你的安慰产生依赖，以至于他必须得到源源不断的安慰，才能让他感到安全。导致这种情况的原因很多：

- 家长的安慰再次强化了孩子的焦虑，让他更加不理智地认为自己处在危险当中。
- 一再强调孩子需要保护的想法，更加鼓励了孩子逃避那些让他们感到害怕的事物。
- 消极的强调暂时降低了孩子的焦虑，这会形成一种模式，将来孩子会不断地从你这里寻求更多的安慰。
- 这会损害你的家庭关系，给亲子关系加上一条无形的链条。

不断地安慰、营救或保护，都可能会阻碍孩子抗压能力的发展。抗压能力是人们对抗消极情况和困难情况的方法。你经历得越多（比如各种困境），你的抗压能力就越强。不愉快甚至痛苦的经历是人生的必修课，学会处理不舒服的情绪，对于孩子的健康成长是很重要的一部分。但如果每次孩子遇到困难，你都通过安慰来降低他的压力，那么孩子处理情绪波动的能力就会下降。久而久之，他就会变得越来越无法面对触发焦虑的情况。

还有很多其他情况，家长也可能无意间引发孩子的焦虑。就像我们看到的，家长很可能只是单纯地想安慰孩子，告诉他们一切都会好起来，反而引发了孩子的焦虑。如果你不停地这样安慰孩子，他们的确可以回避那些未知的情况，却失去了锻炼抗压能力的机会。家长如果将孩子从压力环境中带走，也可能会导致孩子的焦虑。完全消除压力会加重孩子的逃避行为，也会降低孩子的抗压能力。如果家长告诉孩子具体如何应对焦虑，也可能会引起孩子的焦虑，但如果孩子相信父母会告诉他该做什么，就会降低他对认知探索的需求，阻碍孩子的认知成长、灵活性、自信心和孩子的个人能动性。

作为家长，权衡利弊非常不易。要如何才能做到既给孩子提供支持，又不会无意间引发孩子的焦虑呢？一种方法就是跟孩子讨论他们的问题。要给孩子提供探索想法和情绪的机会，而不是不停地安慰他们，这能够提升他们的抗压能力和自信心。另一种方法是帮他们找出在压力情况下使用什么样的应对策略。你不需要解除压力或者告诉他们该怎么做，但完全可以提醒他们学过的应对策略，或者问问他们，在这种情况下最佳的策略和他们的情绪是什么。这能促进他们的认知、独立性和自信心的成长，从而帮助他们降低焦虑。

为孩子选择这本书，并且学习专门写给家长的这部分内容，你就在帮助焦虑的孩子的路上迈出了一大步。还记得吗？让孩子暴露在焦虑之中，也会让你感到恐惧，所以最初你可能会对这些策略感到不安，但是所有的研究都表明，这是帮助孩子管理他们的焦虑，并逐渐过上幸福、健康生活的最佳方法。

现在，让我们来看一些具体的方法，通过这些方法你可以停止强化孩子的焦虑，并且能够帮助他们学会管理自己的焦虑。

你的孩子是否需要更多的支持

当我的孩子出现什么样的焦虑状况时，代表孩子需要专业帮助呢？专业的帮助是什么样的？如果我带孩子寻求专业的帮助，会不会让孩子遭到歧视？

你的脑子里可能会充斥着成千上万种类似的想法。你和你的孩子可能会尝试本书中所有的策略，完成所有的活动，并且成功地将认知行为疗法的基本概念引入生活中。最后，你可能仍然对孩子的焦虑感到忧心。那么，什么时候才该寻求专业帮助呢？

这取决于孩子的压力级别和身体机能。他们是否比平时更拒绝去学校或考试成绩更加不理想？是否整天处于痛苦之中，而不是内心平静？如果任何一个问题的回答是肯定的，就是你需要寻求帮助的时候了。很多家长都觉得，一旦去寻求专业的帮助，就意味着是他们做家长的失败，但事实上，寻求帮助也是需要力量和勇气的。一位心理医生的目标并不是“治好”你的孩子，而是教会家长、孩子以及他们的家庭如何共同解决问题。如果你觉得你的家庭能够从专业帮助中受益，就可以向专业的医生求助。

停止强化回避和寻求安全感

一想到让孩子暴露在可能触发焦虑的事件当中，并且自己停止以往的惯常做法，给孩子提供新的支持，就可能让你感到崩溃。作为家长，你还有很多自己的事情要做。你可能有全职工作，要抚养其他孩子，还有自己面临的困难和挑战。这时，告诉孩子没事或者所有事情都会好起来，似乎更容易安慰他们。让孩子逃避让他焦虑的事情，或者由你来处理问题，看起来似乎更简单一些，但短期的解决方案并不能长期有效地解决问题。最佳的解决方案，就是找到适合你们家庭的方法。不需要逼迫孩子，只要你能坚持这些策略并且不断地练习，一小步也能够产生巨大的变化。每当孩子练习新的焦虑管理技巧，或者面临他恐惧的情况时，他们新的、更有适应性的行为都会得到加强，这些才是让他们持续受益的关键。

让我们看看实际情况，用就寝时间（这在很多家庭都是很常见的挑战）作为例子，来说明强化的重要性。假如孩子哭闹着哀求跟你一起睡，因为他怕黑。每次你允许这么做，就无意间强化了他哭闹和哀求的行为，也就是说，增加了他以后还要这样做的可能性。对你来说，可能只是对害怕的孩子表示了支持，但如果连续五天都这样做，你可能会意识到，你和孩子进入了一种循环。

你陪了孩子五天，如果再要求他回到自己的床上睡，他的焦虑可能会比以往更甚。现在，为了让孩子回到自己床上睡，你会反复强调他会没事，什么也不会发生。他会不断地问：“我会没事吗？”你要不停地回应他，并且不断地安慰他，从晚饭时间一直到睡觉时间。这很让人崩溃，是不是？更糟的是，你仍然在通过心理学家所说的寻求安全感来强化他的焦虑。

寻求安全感是一种减轻焦虑的适应性行为。寻求家长的安慰，例如不停地要求你告诉他很安全，就是一种寻求安全感的方式。再比如，一个有社交焦虑的孩子，在上车去参加一个生日聚会前，可能会不停地提问——那里有蛋糕吗？如果下雨怎么办？你什么时候来接我？一个有细菌或感染焦虑

的孩子，可能会将戴手套作为他们寻求安全的方式。一个患有强迫症的孩子，会不停地洗手，或者数天花板上的瓷砖。这些行为会让孩子在短期内不那么焦虑，但随着时间的推移，会影响他们的生活，并且加重焦虑。

作为家长，你不可能打赢每一仗。你可能会无意间强化孩子的问题行为；可能偶尔会说错话；也可能会选择快速解决问题的方式，而没有选择最好的方式……这些都很正常。现在要关注的是重新规划你回应孩子焦虑的方式，从而促进他们独立性、自尊心、抗压能力和灵活性的发展。要做到这些，你需要加强沟通技巧、边界设置，坚持使用减少问题行为的方法，增加正确的行为。用接下来的内容来找出可能存在的强化孩子逃避和寻求安全感的行为，以及如何强化积极的行为，并逐步减轻孩子的焦虑。

家长常见的行为

做出改变的第一步，就是鉴定你的行为。在下面的表格中，你会看到家长常见的回避行为和提供安全感行为，圈出你存在的行为。剩下的空格由你来填写具体的回避行为和提供安全感行为。

回避行为	提供安全感行为
避免发脾气。这可能包括满足孩子的需求，给他们提供所需的安慰，或者让他们逃避恐惧的事物。	围绕孩子的恐惧制订计划，而不是让他们面对恐惧。这可能包括如果孩子害怕坐校车，你就每天开车送他上学。
避免争斗。你可能会通过屈服于孩子的需求，安慰孩子，或让自己尽可能回避问题来避免争吵。	给孩子安慰，告诉他们没事，没有什么好怕的，或者类似的话。
回避负面情绪。不让孩子感受崩溃、愤怒或恐惧，你可能会回避这些情况或者屈从于孩子的需求。	屈从于孩子的需求，可能是回避某些事物，或者是孩子对安慰的需求或其他需求。
避免制订和实行严格的规矩和要求。你可能会回避惩罚或者规矩，从而让家里保持“平和”。	满足孩子负面的寻求安全感的行为。这可能包括帮助他们进行具体的、不理智的减轻焦虑的行为，例如若他们对感染感到恐惧，就单独为他们包装食物。

续表

回避行为	提供安全感行为

家长行动计划

对家庭来说，为孩子建立一个积分系统是很好的选择，能够让你更好地履行家长的责任，也能强化孩子的积极行为。家长的要求越具体、越详细，孩子的焦虑就会越轻。他们每完成一个任务，就能够获得相应的积分，然后按照每个星期或每个月来结算，以兑换奖励。可以选择更适合你和孩子的奖励，例如，有些家长会选择：

1. **一块特殊的点心**
2. **一个特殊的玩具**
3. **“妈妈和我专属日”或者“爸爸和我专属日”**
4. **额外的15分钟看电视时间**

如果为了避免孩子产生焦虑而让他跟你一起睡，或者允许他不去学校、不参加聚会，而是躲在家里，等等，你需要找出积极的替代行为，例如鼓励他去参加聚会，或者去朋友家只玩一个小时，然后每次不断加强这个行为。你要帮助孩子做好成功的准备，这样才能帮他获得更多的自信心和独立能力，这些都能大大减轻孩子的焦虑。找出2～4种需要关注的行为，并且确保是孩子能轻松完成的。

下面是帮助你制订行动计划的表格，可以利用已经找出的回避行为或提供安全感行为，并通过强调替代或积极行为，找出改善这些行为的办法。

这里来举例说明。在下面这页中，空白处是让你填写的内容。记住，每天当孩子完成预期的任务，就能够获得相应的积分，每周孩子可以使用积分来兑换奖励。

	自己睡	完成一天的家务	上学不迟到	完成勇敢的行动
星期一				
星期二				
星期三				
星期四				
星期五				
星期六				
星期日				

管理你自己的焦虑

家长的共情能力会让你感受到孩子的情绪。当你的孩子感到焦虑时，你的焦虑可能也会被触发。作为家长，我们总是对自己有不切实际的标准，觉得我们能够忽略自己的情绪和困难，只关注孩子。这种自我期望会导致你忽略自己作为家长的情绪体验，同时忽略一个事实——当你感到焦虑、不知所措、筋疲力尽时，会影响你与孩子的互动方式。

焦虑具有循环性，也能够自我膨胀。当你的孩子感到焦虑时，也会触发你的焦虑，然后导致一系列的负面循环。一个焦虑的家长可能会更易怒或者更敏感，孩子很容易发现这一点。家长的焦虑再次强化了焦虑的存在，加重了孩子的焦虑。这就形成了一个循环，在这个循环中，焦虑的真正原因消失了，家长和孩子的焦虑互相加重，也增加了无力感和疲惫感。当孩子感到崩溃时，他们就更无法处理压力；而当家长感到疲惫时，他们就会缺乏应对挑战的耐心和精力。

当孩子处于焦虑中时，你好像很难保持冷静。但是冷静的家长能够给孩子提供克服焦虑的机会。有很多方法可以控制你的焦虑，包括基本应对策略和认知挑战。当你感到有压力或焦虑时，最基本的应对策略能够让你平静下来。以下是一些常见的应对策略，都已被证实能够有效减轻焦虑。

阅读一本书　腹式呼吸　关注自己

散步　冥想　游泳

泡澡　写日记　找人谈一谈

看电影　做瑜伽　跑步　独处时间

应对策略能够让人恢复平静，保持健康，从而减轻压力和焦虑。尽管如此，这些活动却不能解决实质的问题，只是当问题出现的时候，这些是你能够使用的让自己保持冷静的工具。要找出问题所在，你还要找出更深层的导致你不能有效帮助孩子的行为、情绪、想法。

让我们仔细看看上面说的是什么意思。很多人都认为，他们的情绪来自以往的经历或当下所处的情境。例如，如果你被工作单位辞退，你会认为这是直接导致你感到焦虑和抑郁的原因。事实是，你对情况的感知改变了情绪。如果你认为工作决定了自己的价值，那么感到焦虑和抑郁就是理所当然的。如果你只把失去工作当作人生中的一个挫折，跟自我价值毫无关系，你可能只会感到有些担心或者失落，但绝对不会造成严重的焦虑或抑郁。情况还是一样，你仍然是丢了工作，但你的情绪完全取决于如何认知自己所处的情况。同样的，你如何看待自己改变行为和帮助孩子改变他的行为的能力，会直接影响整个家庭如何学习控制孩子的焦虑症状。

接下来的一些练习能够帮助你巩固积极的应对策略，并提升认知技巧，这样你不仅能够成为焦虑孩子的称职父母，而且能让你整体感觉更好，能带领家庭朝着更幸福、更健康的方向发展。

引导冥想

有研究表明，冥想练习能够显著减轻压力和焦虑。引导冥想是冥想的一种，你会被轻柔地引入情景，以促进正念冥想，变得更加注重自己的身体反应，从而减轻紧张和压力。下面是引导冥想的脚本，这需要5～10分钟来完成。

- **让我们从把注意力集中在呼吸上开始。**用一分钟注意你的呼吸，注意吸气和呼气的感觉。感受你的腹部和胸部同步的动作。感受你肺部的扩张和排气、扩张和排气……在接下来的几分钟，闭上眼睛，继续专注于你的自然呼吸频率。
- **现在让我们集中精神控制呼吸频率。**深吸一口气，持续数1、2、3、4，然后屏住呼吸，数1、2，然后呼气，数1、2、3、4、5。在接下来的几分钟，继续保持这个呼吸频率。如果某个时刻你发现自己走神了，这是很正常的，只需轻轻地把你的思绪带回呼吸上。
- **让我们更加注意每一次有控制的呼吸。**随着你吸气，注意鼻孔、腹部、肺部的感觉。感受空气穿过你的鼻子，进入咽喉，直达肺部。现在把注意力放在吸气和呼气交替的阶段。注意让交替更平缓，体会每一次交替的感觉。在下一次交替的时候，转而专注于空气如何上升并且离开你的肺部。
- **缓慢地让呼吸进入轻度控制的状态。**继续关注你的呼吸，但停止数数和控制吸气与呼气之间的暂停。闭上眼睛持续几分钟。接近尾声的时候，再给自己几分钟时间适应环境，然后回到你的日常工作中。

认知挑战：思想日志

思想日志是你分析自己思想过程的工具，反思消极和不理智的想法，找出替代的角度，从而减少消极情绪。你会学到如何更加理智地思考特定的消极情况，并且控制自己的情绪。

在下面每个格子里写下引发消极情绪的具体情况。要记住，你需要事实作为依据，来支持或对抗无益的想法。有时候，人们很容易混淆情绪和事实。

情况/触发器： 发生了什么？ （例如，我的孩子不愿自己睡）	
情绪/身体的感觉 （例如，悲伤、焦虑、头痛等）	
无益的想法 （例如，我作为一个家长很失败）	
支持无益想法的证据 （必须是事实）	
反证无益想法的证据 （必须是事实）	
替代角度 （例如，孩子的问题与我作为家长是否称职无关）	

认知偏差

认知偏差是一种不准确的想法，它会强化消极的思维模式或情绪。以下是一些常见的认知偏差，在空白处，你可以列举一些特定的认知偏差。

绝对化思想

当你把事情看成非黑即白，没有灰色地带的时候，就是绝对化思想。完美主义思想就是最常见的绝对化思想，包含“总是”或“从不”等的思想也是绝对化思想。

过度泛化

当你把某一事件、某一情境或某一时间点作为得出普遍结论的唯一证据。

灾难化

当你基于一次并没有那么恐怖的情况，认为会发生或者已经发生了最糟的情况。

个人化

当你把一切都归咎于自己，总是觉得你做的任何事都会影响其他人的结果。

应该句式

当你给自己设置过多的规则，如：“我应该得到那份工作。”“我应该总是知道如何安抚我的孩子。”

做个深呼吸，然后提醒自己，你已经尽了最大的努力。做家长很难，做跟焦虑抗争的孩子的家长更难。要承认问题的存在并不容易，而要做出改变就更加不易。你在学习孩子可以应用的策略时，也学到了自己能够使用的策略。记住——你的行为在这个等式中是很重要的部分，希望这本书能够帮父母武装起来，给你不同的角度和资源，带领家庭走向更积极的道路。

致谢

我谨对参与创作此书的每个人致以感谢。第一，感谢我的母亲，她支持我在个人、学术和专业方面的各种诉求，没有她，我不可能有今天。第二，感谢我的丈夫罗勃，为了我的成功，他牺牲了很多，在整个过程中为我提供全力的支持和无条件的爱。第三，感谢我的出版人卡里斯托、编辑卡米尔·黑斯，他们给了我这次宝贵的机会，让我能够写下我的研究，分享我的热情。最后，我要感谢所有跟我一起工作过，或未来一起工作的孩子和他们的家庭：是你们给了我希望和激情。

关于作者

希瑟·戴维森博士，美国纽约州注册儿童心理学家，具有专科医师资格的神经学家，目前在曼哈顿一家诊所担任儿童和青少年服务总监及临床训练总监。跟孩子们一起工作并帮助他们，是戴维森博士最大的乐趣。

戴维森博士在西弗吉尼亚大学取得心理学学士学位，在芝加哥职业心理学校取得硕士和博士学位，并持有哥伦比亚大学自杀评估证书，以及阿尔伯特·埃利斯机构的认知行为疗法（CBT）、理性情绪行为疗法（REBT）证书。

在纽约执业之前，戴维森博士曾工作于精神病院和社区精神健康机构，还曾在秘鲁的一家孤儿院花费大量时间对孩子进行心理学干预，并创建和实施了一个心理学训练项目。

戴维森博士在神经学界也是一位活跃分子。她是一些国际研讨会上最年轻的演讲者之一，并且定期在曼哈顿（包括哥伦比亚大学）进行演讲。她多次在媒体上展示基于心理学症状的神经系统变化。